WHERE IS SCIENCE GOING?

[德]马克斯·普朗克
(MAX PLANCK) 著
宋嘉 译
任大江 李娟 特约审校

科学的方向

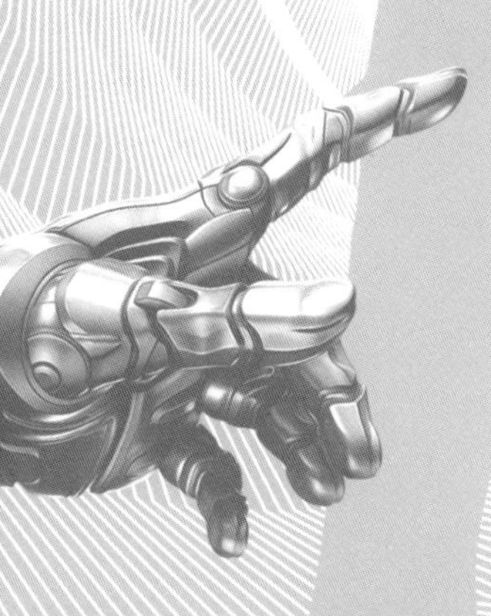

中国社会科学出版社

图书在版编目(CIP)数据

科学的方向/(德)马克斯·普朗克著;宋嘉译. —北京：中国社会科学出版社，2023.9（2024.10 重印）

ISBN 978-7-5227-1744-9

Ⅰ.①科… Ⅱ.①马…②宋… Ⅲ.①自然科学史—世界 Ⅳ.①N091

中国国家版本馆 CIP 数据核字(2023)第 060293 号

出 版 人 赵剑英
项目统筹 侯苗苗
责任编辑 陈肖静
责任校对 闫 萃
责任印制 王 超

出 版 中国社会科学出版社
社 址 北京鼓楼西大街甲 158 号
邮 编 100720
网 址 http://www.csspw.cn
发 行 部 010-84083685
门 市 部 010-84029450
经 销 新华书店及其他书店

印刷装订 北京君升印刷有限公司
版 次 2023 年 9 月第 1 版
印 次 2024 年 10 月第 4 次印刷

开 本 880×1230 1/32
印 张 7.125
插 页 2
字 数 148 千字
定 价 39.00 元

Prof. Dr. M. PLANCK
Geh. Regierungsrat
Berlin-Grunewald
Wangenheimstr. 21

Gutshof Rogätz
über Wolmirstedt
Bez. Magdeburg

7.7.44

Verehrtester Herr Oberstleutnant!

Heute empfing ich die neue Auflage Ihrer schönen Bücher und sage Ihnen für dies wertvolle Geschenk meinen herzlichen Dank. Daß Ihre beiden Bücher nun in einem einzigen Band zusammengefaßt sind, hat auch seine Vorzüge. Ich sehe darin ein Symbol für die enge Zusammengehörigkeit der physikalischen und der biologischen Weltbilder, deren Betonung ja gerade für Ihre Arbeitsrichtung charakteristisch ist.

普朗克手稿

青年普朗克

来源：网络。

中老年普朗克

来源：网络。

1927 年 10 月第五次索尔维会议，主题“电子和光子”

普朗克第一排左二，照片里的每一个人所取得的科学成就都足以对人类的文明进化史产生深远的影响。从左至右依次为：

第一排：欧文·朗缪尔、马克斯·普朗克、玛丽·居里、亨德里克·洛伦兹、阿尔伯特·爱因斯坦、保罗·朗之万、查尔斯·古耶、查尔斯·威耳逊、欧文·理查森。

第二排：彼得·德拜、马丁·努森、威廉·劳伦斯·布拉格、亨德里克·克雷默、保罗·狄拉克、阿瑟·康普顿、路易·德布罗意、马克斯·玻恩、尼尔斯·玻尔。

第三排：奥古斯特·皮卡尔德、亨里奥特、保罗·埃伦费斯特、爱德华·赫尔岑、西奥费·顿德尔、埃尔温·薛定谔、维夏菲尔特、沃尔夫冈·泡利、维尔纳·海森堡、拉尔夫·福勒、莱昂·布里渊。

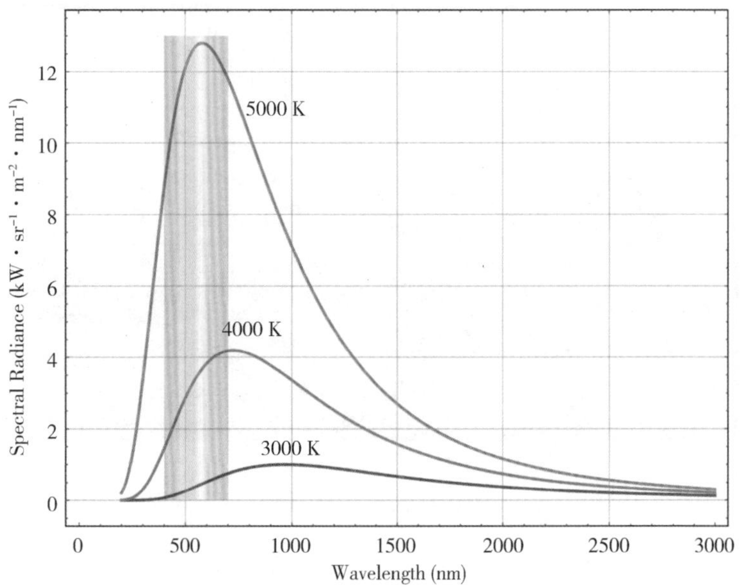

黑体辐射的光谱分布

黑体辐射（Black Body Radiation）是 20 世纪物理学上的一大难点，正是普朗克对黑体辐射的研究，直接导致了量子力学的革命。

序

——爱因斯坦

许多人献身于科学，但并非都是为了科学本身。有一类人来到科学殿堂，是因为这给了他们展示自己独特才能、过于常人智力的机会。这些人之所以爱好科学，是因为科学是他们自己的特殊娱乐。对这一类人来说，科学就像运动员在体育比赛中获胜一样可以使他们欢欣鼓舞、倍感愉悦，是他们自己雄心壮志的一种满足。还有另外一类人同样也走进了科学殿堂，虽然也同样付出了智慧，但与第一类人的区别在于——这些人是因为纯粹的功利目的。这些人之所以成为科学家，是因为他们在选择职业时的一些特定环境。如果他们当时所处的环境发生变化，那么他们很可能会成为政治家或商界领袖。如果上帝委托一位天使负责将我所描述的第二类人全部赶出科学殿堂，我担心这座科学的殿堂将几乎空无一人。即便如此，依然会有一些科学忠实崇拜者留在殿堂之上，这其中有前人先贤，也有是属于我们这个时代的。本书作者，我们的普朗克就属于我们这个时代中的真正热爱科学的人，这也正是我们爱戴他的原因。

我很清楚，如果简单地把第二类人全部逐出科学殿堂，也有可能会赶走许多做出过杰出贡献的人物，而他们也建造了科学殿堂的很大一部分，甚至可能是最大的一部分。但与此同时，很明显的是，如果致力于科学的人只包括我所提到的第二类人，即那种抱有强烈功利心的人，那么人类的科学殿堂也绝对不可能发展到今天令人仰视的规模，这就好比任何一座森林也不可能只有杂草、藤蔓而没有高大树木。

让我们忘掉他们吧。他们不理智[1]。当我们认真审视、用心体察这些因真正献身于科学而得到了天使青睐的人，会发现他们大多都是古怪、沉默寡言和孤独的人。尽管他们有不少相似之处，但实际上他们彼此之间很不一样、区别很大，不像那些被天使放逐的人那样彼此相似。

究竟是什么把他们引入科学殿堂，并让他们把一生都奉献给了对科学的追求？这个问题很难回答，而且无法笼统地、简单地回答。就我个人而言，首先，我倾向于同意叔本华[2]的观点——把人们引向艺术和科学的最强烈的动机之一，是要逃避日常生活中令人厌恶的粗俗和使人绝望的沉闷，是要挣脱人们自我反复无常的欲望，而如果不将视线从日常生活转移到艺术或科学中，这些欲望的枷锁将会不断地复制和相互替代或叠加。

其次，除了上述略带消极的动机外，还有积极的动机。人们总是试图为外部世界塑造一个可简单概括的形象——总想绘制出一幅简化的和容易理解领悟的图景。这就是诗人、画家、哲学家或科学

---

① 译者注：原文为意大利文，Non ragionam di lor，直译为我们不跟他们讲道理、非理性的。

② 译者注：亚瑟·叔本华（德文：Arthur Schopenhauer，1788 年 2 月 22 日—1860 年 9 月 21 日），德国著名哲学家。

家所做的，同时每人又都有自己独特的表达方式。他们把创作或创新的过程作为支点，把全身心都投入其中，只有这样他们才能在这里找到安宁和平衡，而这种平衡和安宁恰恰是他们在日常生活中所无法找到的。

在各种关于世界的图景中，理论物理学家绘制的与艺术家、哲学家和诗人的有什么区别呢？理论物理学家在描绘各种关系时，必须尽可能地保证逻辑的严谨、完整、统一和连贯性，以这样的标准只能用数学公式才能表达。另外，物理学家必须极其严格地控制、筛选研究的方向或主题。他只能选择人们直观感受或经验能够理解的最基本事物或运动过程，因为更复杂的过程已经超出人类大脑能直观理解的范畴，而恰恰这些复杂过程对于理论物理学家来说是必不可少的。

即使以牺牲完整性为代价，我们也必须确保表达方式与所要表达的事物之间纯粹、清晰和准确的对应。当一个人意识到自然客观世界中极其微小的一部分可以用精确的公式来理解和表达，而所有微妙和复杂的东西都必须排除在外时，自然会问，这样的成果能有什么吸引力？这种没有包含绝大部分客观世界的结果，能否配得上“世界图景”这个响亮的称号？

我认为确实如此；因为即使在研究自然界中最简单的事件时，也必须考虑其是否基于理论物理学体系中最普遍的规律。如果它们被完全了解，人们就应该能够通过纯粹的抽象推理从它们中推导出自然界的每一个过程的理论，包括生命本身的过程——我的意思是理论上，因为在实践中这样的推演过程完全超出了人类推理的能力。因此，在科学中，我们必须接受物理图景的不完整，这不是基于宇宙本身的性质，而是由于我们自己。

因此，物理学家的最高任务是发现最普遍的基本定律，从这些定律可以符合逻辑地推导出整个世界图景。但要发现这些基本定律，没有合乎逻辑的方法，只有直觉的方式，它是由一种对表象背后秩序的感觉所实现的，而这种**共情**[①]是由经验发展而来的。因此，有人能说所有物理理论都是同样有效和可能的吗？从理论上讲，这个想法没有任何不合逻辑的地方。但是，科学发展的历史已经表明，在所有可以设想的理论体系中，有一种结构在每一个发展阶段都被证明是优于其他所有理论结构的。

对于每一个有经验的研究人员来说，物理学的理论体系都依赖于感官世界并受其控制，这是显而易见的，尽管没有逻辑的方式可以让我们从感官知觉进入理论结构背后的原理。此外，作为经验世界的文字记录的概念综合，可以归纳为几个基本法则，在这些法则的基础上合乎逻辑地建立起整体综合。在每一个重大的进展中，物理学家都发现，随着实验研究的深入，基本定律也越来越简化。他

① 译者注：原文为德语、斜体字，Einfuehlung。

惊讶地注意到崇高的秩序是如何从看似混乱的事物中浮现出来的。这不能回溯到他自己的思维活动，而是由于感知世界中固有的一种特性。莱布尼茨很好地表达了这种品质，称其为预先建立的和谐。

物理学家们有时会责备那些忙于理论知识的哲学家们，说哲学家们没有充分认识到这一事实。我认为几年前恩斯特·马赫和马克斯·普朗克之间论战的根源就在于此。后者可能觉得马赫没有完全理解物理学家对这种“预先建立的和谐”的渴望。这种渴望一直是耐心和坚持不懈的源泉，我们看到普朗克因此而全心致力于解决物理科学中最根本的问题，而他本可以研究其他更容易的领域并获得更伟大的成果。

我经常听他的同事们说，他们认为普朗克的这种态度是源自他充沛的精力和过人的意志力等个人天赋。但我认为他们错了。为工作提供驱动力的精神状态，类似于笃信信仰的人或恋爱中人的精神状态。这种长期不懈的努力，并不是由任何深思熟虑后确定的计划或目的所激发的，它来源于灵魂深处的挚爱。

我相信马克斯·普朗克会嘲笑我，嘲笑我幼稚地提着“第欧根尼的灯笼”四处寻找。好吧！我为什么要讲述他的伟大？他不需要我微不足道的衬托。他的工作为科学发展提供了最强大的动力。只要物理科学持续发展，他的思想就会一直有效。我希望，他的精神力量对未来科学家产生永恒的影响。

目　录

马克斯·普朗克的生平介绍

——詹姆斯·墨菲

1932 年 6 月的某天，我前往爱因斯坦位于柏林以西约 24 公里的卡普斯[①]的避暑别墅拜访了普朗克。整个下午，我们边喝茶，边讨论很多话题，从即将到来的选举中各政党获胜的可能性，到是否会有人发现统一所有物理定律的简单定理。爱因斯坦的这座别墅建在一个高高的丘陵斜坡上，可以俯瞰整个美丽的湖泊。别墅顶层非常宽敞，还像天文观测台一样摆放着一架天文望远镜，爱因斯坦的一个乐趣就是用它来观察浩瀚宇宙星空。晚餐前，我们一直在这个阳台上散步，欣赏着落日余晖与湖水交相辉映。在室内，我们总是围绕当前的政治危机讨论；但是在这里，在这湖光山色和夕阳晚霞的自然和谐中，我们可以更深入地讨论一些富有哲理和启迪意义的话题。

我们开始谈及马克斯·普朗克创立的量子物理学，以及量子力学所引发的各种哲学问题。如果我讲得过于笼统简略，爱因斯坦总是说**“不，你这样说不准确”**[②]。但当我给出更为准确的表述时，他会思考一会儿，然后说，**“是的，你这样说比较准确”**[③]。我想我们一致认为，尽管相对论已经引发了全世界的重视，但在引发当代科学思想革命方面，普朗克提出的量子理论是具有划时代意义的理论基石。我们一致认为，尽管相对论已经吸引了全世界的想象力，但

---

① 译者注：卡普斯，音译地名，Caputh，柏林以西约 24 公里（原文 15 英里）。
② 译者注：原文德语、斜体字，“*Nein, das kann man nicht sagen.*”
③ 译者注：原文德语、斜体字，“*Ja, das können Sie sagen.*”

量子理论一直是一种更基本的力量。

当我们谈到这一点时，我请爱因斯坦为普朗克即将以英文出版的文集[①]作序。爱因斯坦对我的提议唯恐避之不及。他说，让我把马克斯·普朗克介绍给公众，未免显得我太过自大自负了——因为普朗克作为量子理论的发现者，他如同日月，不需要全人类所有的烛光来衬托。这就是爱因斯坦对普朗克的真诚而天真的态度。

我解释道普朗克这本书是为公众而写的，尽管他在德国家喻户晓，全世界的科学家都知道他，但在英语国家，他不像您作为相对论的创始人那样为人所知、受人敬仰。爱因斯坦并不认为这是一个令人遗憾的现象如果情况正好相反——假设普朗克远比爱因斯坦本人更有声望，他会更高兴。但我的观点是，用一个更广为人知的科学人物去介绍另一个伟大但在大众之中并不那么出名的科学家，是一个非常恰当而有效的方式。他认同了我的观点并同意写一个简短的序言或引言，但他坚持必须简短，因为任何长篇大论都是自命不凡的。

在这一章并不是对爱因斯坦引言的扩充，而更近似于对普朗克及其学术贡献的一个客观传记性的介绍。首先，我的任务是介绍本书的作者、物理学家马克斯·普朗克在推动当今科学进步的总体图

---

① 译者注：即本书。

景中所处的位置，他所秉承的人生哲学以及性格特点，他在现代物理科学发展中的科学生涯；其次，我将尽量简洁、生动地介绍他对理论物理学，这一推动当今世界发展的一种理论源泉的态度；再次，梳理他作为公民和知名学者所参与的各种学术活动；最后，力求客观介绍他在德国民众中的科学地位和威望。

首先，通过与当今物理学界的领军人物对照，以及这些科学家对普朗克学术贡献的评价，来说明普朗克是在推动物理学、科学技术革命中的灵魂人物，定义他在现代科学进步总体图景中所处的地位。

如何回答，马克斯·普朗克——这个名字在物理学史上具有怎样举足轻重、不可替代的地位？我用一个比喻来回答这个问题，假设修建一个“物理学人物肖像走廊”①，将历史上和当今的所有知名物理学家的肖像都悬挂在其中，可以通过马克斯·普朗克肖像所悬挂的位置来说明他在科学界的地位。马克斯·普朗克的肖像将悬挂在第一个长廊尽头的转角处，这里也是第二道走廊的起点。普朗克，一只手向以牛顿为代表的经典物理学表示尊敬和谢意，另一只手指向一条新的走廊，那里悬挂当今的物理学家，他们肖像崭新到油墨还没完全干透，他们是爱因斯坦、尼尔斯·玻尔、欧内斯特·卢瑟福、保罗·狄拉克、亚瑟·艾丁顿、詹姆斯·金斯、罗伯特·密立

① 译者注：为了便于理解，俯视是 L 型的。

根、查尔斯·威尔逊、亚瑟·康普顿、沃纳·海森堡、埃尔温·薛定谔等科学家的肖像。其中，詹姆斯·金斯爵士[①]在他的畅销书《神秘的宇宙》中是这样描述普朗克的学术地位的：

"直到19世纪末，随着理论和试验条件的突破，开展对于微观单个分子、原子或电子的研究才成为可能。在这个世纪相当长的一段时间里，特别是对于热辐射、万有引力的研究，仍然有很多无法用经典物理解释的现象。当哲学家们还在争论是否可以建造一台'机器'来再现牛顿的思想、巴赫的情感或米开朗琪罗的灵感时，科学家们很快就相信不可能会有一台机器建造再现蜡烛的光或苹果的坠落。然后，在本世纪（19世纪）末的最后几个月，德国柏林的马克斯·普朗克教授对这些仅仅依赖于经典物理学无法正确解释的热辐射现象提出了新的理论。他的理论不仅在本质上与经典物理有明显区别，而且在思维方式上也与经典物理学毫无关联。正是由于这个原因，它受到了批评、攻击甚至嘲笑。但事实证明普朗克的理论是正确的，并最终发展成为支撑现代物理学的主要公理之一'量子理论'。此外，尽管量子理论及其作用在当时并不十分显著，但它标志着经典物理学时代的结束，以及一个全新物理时代的开启。"

另一位英国物理学家卢瑟福勋爵对他德国同行普朗克作出如下

① 译者注：詹姆斯·金斯爵士（Sir James Hopwood Jeans，1877年9月11日—1946年9月16日），英国物理学家、天文学家、数学家。

评价：

“普朗克这个名字，在所有国家的科研工作者中，都是家喻户晓众人皆知的，所有人都敬佩他对物理科学做出的巨大而持久的贡献。”

“今天，当量子理论成功地应用于如此多的科学领域并获得成功时，人们很难想象到，30 年前许多科学工作者认为‘热辐射并不是连续的’这一全新的认知理论，是近乎荒诞、不可思议的。起初，几乎没有任何令人信服的证据来证明这一理论及其推论的正确性。在这方面，我和盖革教授在 1908 年所做的实验结果与普朗克对 e 的推导（e 是基本电荷完全一致），这使我很早就成为量子论的支持者之一。正因如此，我可以相对客观地看待当时理论界的争论，进而鼓励玻尔教授大胆应用普朗克提出的量子理论。”

丹麦著名物理学家尼尔斯·玻尔是这样描述普朗克科学成就的意义：

“在科学史中，几乎没有任何一个重大科学发现，能够像马克斯·普朗克提出的量子理论一样，在我们同时代人有限的生命里，就产生了如此重大非凡的影响。关于原子的科学研究，能在过去 30 年中取得惊人进展，都是得益于量子论为科学研究提供的理论支撑和研究工具。需要注意的是，量子理论对科学研究的贡献远远不止于此。量子论是自然科学研究中具有划时代意义的革命性创新。这一革命性创新理论，起源于马克斯·普朗克在腔体辐射方面的开创性研究。在过去的30年里，这个理论和概念不断扩展，逐渐发展成为被称为‘量子物理学’的完整科学体系。基于量子物理学框架所形成的宇宙图景①，是完全独立于经典物理学的、完全不同的一种全新的科学世界观、理论体系，与经典物理学相比，它的概念更具美感，内在逻辑也更加科学、完美和谐。”

“我想再次强调，提请注意这一新理论体系的影响。它不仅在经典物理学领域，而且也在我们的日常思维方式中，打破了我们固有思维框架。正是由于从传统的思维方式解放出来，才在我们这一代人短暂的生命中，对自然现象的认识取得了惊人的进步。这一进展甚至超出了几年前所有人对它的最高希望。物理学的现状可以说是有史以来最好的，因为几乎所有在实验研究中取得丰硕成果的思想路线都自然地融合在一起，形成了一个和谐的整体，同时又不会因此而失去它们各自的方向和活力。这都归功于普朗克作为量子理论的发现者把实现这些的方法交给了我们，我们所有科学研究者都应该无限感激他！”

还有一位杰出的科学家衷心地赞扬普朗克。他就是莱比锡物理学家海森堡教授，他是现在流行的“不确定性原理”② 的创始人。

---

① 原文，The picture of the universe。

② 译者注：不确定性原理（Indeterminacy），是量子理论中最重要的原理，它是指一个电子的动量和位置是不能同时确定的。

海森堡写道：

“1900 年，马克斯·普朗克正式发表科学报告：热辐射既不是一个完整连续的整体，也不是可以被无穷切分分解的。热辐射是由大小几乎相同的最小单元组成的一组连续不断的质量。”

“当时，他几乎无法预见，在不到 30 年的时间里，这一与迄今为止所有已知的物理学原理完全矛盾的理论会发展成一种原子结构学说，并由于其科学的全面性和数学上的简单性，它可以与经典物理理论体系比肩。”

现在让我们来谈谈马克斯·普朗克的生平。

普朗克 1858 年 4 月 23 日出生于德国基尔。他的父亲是基尔大学的宪法学教授，后转到戈廷根大学仍然担任宪法学教授。他是《普鲁士民法典》主要创立者、起草人之一。人们常说，普朗克这位伟大的物理学家继承了他父亲很多优秀品质，特别是鉴别判断能力，包括筛选实验证据、识别重要部分、剔除无意义的部分，发现复杂现象下的规律。同时，他还具有构建数学模型的清晰思维。或许，他对物理学的态度，来源于他青少年时受到家教的影响和养成的优秀品质：他将物理学看作是整个人类文化的一个分支，与其他分支共同构成人类文化的这个有机整体，各分支相互交融融合。这并不仅停留在物质层面，在精神层面对人类命运也产生了更为深远的影响。

马克斯·普朗克17岁进入慕尼黑大学攻读物理学。3年后，他转学到柏林大学，并在这里完成了他的大学学业。普朗克师从于柏林大学的物理学基尔霍夫教授，还经常参加亥姆霍兹和魏尔斯特拉斯[①]的讲座。当时，亥姆霍兹[②]和基尔霍夫古斯塔夫·罗伯特·基尔霍夫（Gustav Robert Kirchhoff，1824年3月12日—1887年10月17日），德国物理学家是被称为“普鲁士首都柏林科学之光”的著名物理学家。普朗克坚持认为基尔霍夫是他对热力学特别是著名的热力学第二定律有着浓厚兴趣的原因。正是在这个方向上，马克斯·普朗克撰写了他的博士学位论文，一年后，即1879年，他在慕尼黑大学发表了这篇题为《关于热力学第二定律[③]》的论文，当时他获得博士学位的评语是“最优异成绩[④]”。也许在这里我应该对德国的高等教育机制做一下说明，在获得学位的资格方面，德国的所有大学都被视为一所大学，即在德国任何一所大学都认可在其他大学的学习和成绩。一名学生可以在一所大学学习完所有的课程，也可以

---

① 译者注：魏尔斯特拉斯（Weierstrass，1815年10月31日—1897年2月19日），德国数学家，提出了魏尔斯特拉斯函数（Weierstrass function）。

② 译者注：赫尔曼·冯·亥姆霍兹（Hermann von Helmholtz，1821年8月31日—1894年9月8日），德国物理学家。

③ 原文：拉丁文，*De seconda lege fundamentale doctrine mechanicae caloris*。

④ 译者注：原文为拉丁文Summa Cum Laude，是博士毕业能获得的最高评语。以拉丁文作为硕士或博士学位的评语荣誉是许多欧美国家大学的传统，用来奖励特别优秀学生，最常用的荣誉有“Summa Cum Laude”（最优异成绩）、“Magna Cum Laude”（极优等）、“Cum Laude”（优等）。

在另一所大学继续学习完其余的课程。如果学生希望学习或从事某一特殊专业或行业时，并且在远离家乡的某所大学里有一位杰出的教授，他可以选择去那里学习；如果他愿意的话，他甚至可以从一所大学到另一所大学去巡回学习，聆听所有杰出教授的讲授并与其进行交流。他在任何一所大学学习的成绩都将记入他的学业成绩单上，就好像他一直在一所大学学习一样。

获得博士学位后，马克斯·普朗克成为慕尼黑大学的一名私人讲师。大学私人讲师是没有固定薪水但可以收取讲课费的。1885年，普朗克被基尔大学聘为物理学教授；1889 年，他到柏林大学任编外教授①；1892 年，他被柏林大学基尔霍夫分校正式任命为全职教授。1912 年，他成为普鲁士科学院的常务秘书。1919 年，他获得了诺贝尔物理学奖②。1926 年，他成为名誉教授，薛定谔接替他担任洪堡大学理论物理学教授。1930 年，因阿道夫·哈纳克去世，马克斯·普朗克当选为德国威廉皇家科学促进研究协会③会长主席，这是德国的最高学术职位。

是什么原因使普朗克走上了研究量子的方向？这是一个很长

---

① 译者注：拉丁语 Extraordinarius，编外教授。

② 译者注：应为 1918 年获得诺贝尔物理学奖。

③ 译者注：是马克斯·普朗克科学促进协会的前身，是当时德国最高的学术研究机构，走出过多位诺贝尔奖得主。

的故事，因为讲述它将涉及上世纪末（19 世纪）为解决热辐射的光谱之谜而进行的各种研究探索。由于这种表达可能过于简单，以至于普通读者可能无法全面而清晰地了解，因此我对这一过程稍加解释。

众所周知，太阳光谱通过棱镜将白光分解投影出来，显示为从红色到紫色连续不断的彩色光谱。牛顿是第一个以科学解释这一现象的人，这导致了学术界在对光本身性质的认识上有偏差。在热辐射领域，我们有一个相应的现象。威廉·赫歇尔爵士①是第一个证明太阳光谱并不局限于肉眼可见的部分，即仅有在红色到紫色之间的部分。1800 年，他发现了红外线。通过用温度计对全色谱的各个颜色测量，他发现太阳光谱中的热量分布并不均匀，光谱中红色区域的热值最高，在此之前这种热量与光谱不是均等分布的情况从未被怀疑过。

日常经验是，物体在适度加热时会发出一种看不见的辐射，只是由于这种辐射的频率太低导致肉眼看不到。例如，在加热铁片的过程中，人们认为首先看到的是紫光，因为紫光是眼睛能看到的最小波长。但事实并非如此。光线起初是暗红色，然后是亮红色，最

---

① 译者注：威廉·赫歇尔爵士（Sir William Hersche，1738—1822 年）在 1800 年首次提出了红外线的概念。

后变成白色。其中的问题是，不同频率的光线（即不同颜色的光）随着温度的升高而变化？这就是所谓的，不同光谱分布下辐射温度不同的问题。这是马克斯·普朗克学术生涯中的前20年致力解决的问题。普朗克在斯德哥尔摩瑞典皇家科学院接受诺贝尔奖时他在演讲中说：

“回顾过去20年，从量子假说的首次提出到经过大量的测量实验形成了明确的结论，整个过程像走出一个巨大的迷宫一样漫漫无期。我不由得想起了歌德的名言‘人只要奋斗就会犯错’。如果不是总会有一道光芒照亮研究人员前进的方向，在如此漫长而艰难的斗争中，他们早就因为一次又一次的徒劳无功而放弃自己的努力。正是这道光芒的指引，即便我们走进一个又一个的错误岔路，但我们更加确定的是正在向我们追求的真理，向正确的方向又迈进了一步。对一个目标或一个方向的坚守，对于研究人员来说是必不可少的——即便它最初可能会因不断的失败而略显黯淡，但这个目标将永远指明前进的方向。”

“我很久以前就有了一个目标，我的目标就是解决光谱中热辐射的能量分布问题。古斯塔夫·基尔霍夫已经证明了热辐射的本质与辐射体的性质完全无关。这表明应存在一个恒定的常数，它只与温度和波长相关，而与辐射体的性质毫无关系。发现这个显著的函数，成为对热力学研究的主要问题，进而，如果能发现这个显著的函数，将成为整个分子物理领域对包括‘能量和温度之间的关系’等主要问题有了更深的理解。而根据基尔霍夫的理论，热辐射必须独立于辐射体本身的性质。因此，当时能够发现这个函数几乎唯一的方法是，从自然界选择那些已知其散热和吸热特征的物体，然后计算其在温度停止变化时的热辐射情况。”

然后，他谦虚而客观地回顾了他所走过的崎岖坎坷，虽然一路上磕磕绊绊、挫折重重，但他始终满怀必胜的决心和坚韧不拔的努力。经过20年的长期奋斗，这个目标终于实现了。

1900年12月14日，普朗克在向德国物理学会提交的题为《论正态光谱中的能量分布》学术报告中首次公布了他的发现，从理论上得出正确的热辐射公式——将上述函数进行了说明——即著名的普朗克公式①。他得出这个成果是通过“空腔辐射实验”——他将一个空心物体加热到白炽状态，并让一束辐射通过这个空心物体上的小开口射入，然后在分光镜中对光束进行分析。通过这种方式，我们发现热辐射能不是一个连续不断的流，*物质辐射（或吸收）的能量只能是某一最小能量单位的整数倍*，即量子假说（即“能量子”）。换句话说，热辐射的测量结果总是“hv”的整数倍，其中v是频率，

① 译者注：普朗克黑体辐射定律（普朗克定律或黑体辐射定律，Planck's law，Blackbody radiation law）描述，在任意温度下，从一个黑体中发射出的电磁辐射的辐射率与频率彼此之间的关系。

h 是一个恒定不变的常数——被命名为“普朗克常数”。他在学术上最大的成就，就是推导出这个常数的值为【6.55×10^{-27}焦耳秒】。任何能量在达到 h 这个量值或是 h 的整数倍之前，都不可能对外有热辐射。比如说，我们的火炉只有达到了这个最小的热量值，才能对外辐射热量。直到它在积累一个完整的能量值之前，是不会进行热辐射的①，这个量值是 h 的两倍，以此类推。我们可以有 1hv，3hv 和 4hv，但是不存在“几分之一个 hv”。这是一个关于热辐射的革命性概念，这个概念最终被证明可以扩展到所有的辐射现象，并最终扩展到原子本身的内部结构。

很明显，普朗克揭示了一种不仅能解释辐射热光谱的原理，而且能够解释自然界普遍存在的基本现象。很快，他的理论在各个科学领域的逐步应用表明了这一点。在其发布后的几年内，爱因斯坦应用量子理论解释了光的构成，并表明光与热辐射遵循相同的过程，以量子（称为光量子）的形式发射。各国物理学家开始应用“量子化”理论，并取得了非常显著的成果。荷兰著名科学家洛伦兹②在 1925 年这样说：

---

① 译者注：为了便于通俗理解，可以类比为台阶，你永远只能迈上“一个台阶”，而不可能上去“半个台阶”，或几分之一个台阶。

② 译者注：洛伦兹，亨德里克·安东·洛伦兹（Hendrik Antoon Lorentz，1853 年 7 月 18 日—1928 年 2 月 4 日）。近代卓越的理论物理学家、数学家，经典电子论的创立者。

“我们现在已经进步到这个常数（h，普朗克常数），它不仅为解释辐射强度及其代表的最大波长提供了理论依据，而且还为现有物理定量以及定量之间的关系提供了依据。我只提几点：固体比热、光化学效应、原子中电子的轨道、光谱波长、由给定速度的电子碰撞产生伦琴射线的频率、气体分子的旋转速度，还有晶体中原子之间的距离，等等。可以毫不夸张地说，在我们今天对自然的认识中，所有物质都与量子有关，是量子防止其因辐射而完全失去能量。我们坚信它的原因是，我们在这里提及的都是客观真实的，因为从不同实验中得出的 h 值总是一致的，而这些数值与普朗克 25 年前根据当时可用的实验数据计算出的数字只有非常细微的差别。”

这里不是试图从科学的维度解释量子理论。读者可以在各种现代科学书籍中发现一些关于普朗克革命性理论的流行说法——其中一些可能太流行了。我在这里的任务是指出这本书的资料来源，并试图解释为什么普朗克在处理当代科学的哲学思辨时，如此强烈地坚持他自己的观点。本书的大多数文章是关于实证主义，以及关于“因果论”和自由意志的讨论——这都不属于纯物理学的范畴。到底是什么原因，使普朗克这位德国物理学界元老级的科学家感到他自己必须采取如此坚定的立场？

已经有大量的著作是关于量子理论的哲学含义。一些物理学家明确宣称，量子理论的发展推翻了长期以来作为科学公理的“因果律”。詹姆斯·金斯爵士对这一问题提出如下看法：

“爱因斯坦在1917年指出，至少最直观的判断是，普朗克创立的量子理论所带来的，远比仅是一个解释热辐射的物理学理论具有更多革命性影响。它似乎推翻了‘因果律’，这个在指导认识客观世界及其进程的具有统领地位的方法论。古典科学自信地宣称客观自然只能沿着一条路走，这条路从时间的开始到结束，都是由连续的‘因果链’链接起来的——状态A一定会产生状态B。量子理论诞生之后我们只能说，在状态A之后可能会有状态B、状态C、状态D或无数其他状态。的确，它可以说形成状态B比状态C的可能性更大，或状态C比状态D更有可能，等等；甚至可以统计出现状态B、C和D的概率。但也仅仅是只能用概率来表示其出现的可能性大小。任何神明也无法确切预测一个状态之后一定会产生何种具体状态，即便这个神明下跪祈祷也不能得到完全确定的答案。”

詹姆斯·金斯爵士还表示说：

或者再做个类比——需要强调的是，这个类比并不是说宇宙客观世界是已经陈旧磨损或不完美的——宇宙就像一台老旧的发动机那样，某个关键环节就像一台破旧的发动机那样似乎松动了，宇宙的运行机制发生了“变化”。在这台破旧的发动机中“运转”或“松散”的状态，又是每个环节都各有不同；但是在客观世界中，它是被称为“普朗克常数h”的神秘数值所标定的，普朗克常数数值已经被证明在整个宇宙中是绝对一致的。用无数种方法来测量，最终实验计算结果证明，无论是在实验室里还是在宇宙恒星，普朗克常数数值都是精确的、相同的。然而，如果在整个宇宙存在任何形式的“松散的耦合联结”这一事实，就彻底破坏了客观规律是遵循*严格因果律*的基础，而因果律又是完美匹配机器的特征。

斜体字是我说的（指上一段）

詹姆斯·金斯爵士的断言代表了现代物理学家中相当普遍的态度。但这是普朗克坚决反对的态度。从科学的角度来看，这是不成熟的；而且，从逻辑上考虑，要得出一个全面的结论未免太过仓促。普朗克会这样认为，爱因斯坦也会说，在现代物理学中被打破的不是因果律本身，而是传统上对因果律、因果关系的表述。因果律是一回事，但亚里士多德、牛顿和康德等科学家、哲学家对其的表述方式完全是另一回事。对于自然界中，无论是精神领域还是物质领域发生的事情，传统的表述都必须被认为过于粗糙和过于直观。后一点在本书后面论述中是更为尖锐的讨论焦点。这里最令人感兴趣的是，为什么普朗克认为“因果律”的争论如此重要，以至于尽管他已经非常忙碌了，依然每天花费相当多的时间去演讲和撰写与此有关的文章。他为什么在这一点上如此坚持自己的立场？这个答案肯定不是因为他是一个坚持传统权威的人，因为，事实上他领导了现代科学中最大的“反叛”。因此，必须从不同的方向寻找答案。

在战后[1]出现了公众对物理科学产生浓厚兴趣的浪潮，至今依然没有退却的迹象。这无疑是因为，物理科学是当今人类思想中最重要的高级活动之一。此外，理论物理中的哲学思辨，这种更高层次的形而上学部分似乎是现代人们最喜欢的精神食粮，而这种精神食粮以前是由艺术和宗教信仰来满足的。从许多角度来看，这可能是一件幸运的事情；但从另外一个角度来看，特别是从科学的角度来看，这可能是一种不幸。埃德温·薛定谔最近发表了一篇精彩的文章（《自然科学是环境科学吗?》莱比锡，1932）指出，物理科学已经成为时代精神的牺牲品。今天，需要推翻[2]（对与现有秩序截然不同的东西的需求[3]）是我们文明的普遍特征。认为“在艺术、音乐甚至政治和商业中，传统权威是一种禁锢，而不是具有发展建设性的”在公众中是占据主导地位的认知。我们发现这种略带负面的情形也同样影响着科学思想。当爱因斯坦发表他的相对论时，人们对相对论的热情很大程度上与这样一种印象有关——大众心中认为，相对论是对牛顿学说的彻底颠覆。而事实上，相对论是对牛顿物理学的完善和扩展。同样的，当海森堡宣布他的不确定性原理[4]

① 译者注：指第一次世界大战。
② 译者注：Umsturzbedürfnis，原文德语。
③ 原书注。
④ 译者注：不确定性原理（uncertainty principle，又译测不准原理），指不可能同时知道一个粒子的位置和它的速度（位置和速度中，必有一个不准确）。

时，几乎立刻就被解释为——这肯定会推翻因果律原理，甚至很多物理学家也认同这个观点。事实上，在自然客观世界中，我们无论如何也无法证明或也无法否定因果关系的存在。海森堡提出不确定性原理的目的，是为了找到一种能够解释微观运动过程的规则，比如那些基本量子的运动过程。但因果律在微观运动中是不适用的。也就是说，我们不能同时测量出一个粒子在时空中的速度和位置，也无法计算出它在下个时刻的位置。但这并不意味着因果律没有得到客观的验证。这只说明我们现有科学仪器和理论工具还不足以胜任探测粒子运动的这项工作。不确定性原理实际上只是在量子物理学中，替代因果律的一种学术假设、工作方法。因此，海森堡自己是第一个反对将他的“不确定性原理”解读为全面否定因果律的人。

那么，为什么如此草率的结论会这么流行呢？这可能与两个因素有关：首先是**时代精神**[①]。这个时代的精神不希望被认为是旧秩序的继承者，而是希望从传统的权威中解放出来，不受传统权威教条的所有约束。其次，现代生活的标准化，伴随着大规模生产、强有力的推销、广告、交通以及大规模住房和保险事业等，已经形成了一套统计规则体系，这些规则在涉及大量事件时是正确的，尽管它们对个体案例根本不适用。人们称之为“统计因果关系论”。物

① 译者注：原文德语，斜体字，Zeigeit。

理学家把它引入到物理学，并经常把它说成是经典意义上严格因果关系的对立面。其实，他们说的是统计因果关系，而不是动态因果关系。事实上，统计因果关系，甚至所谓的概率法则，都是建立在个案中严格因果关系的前提之上的。保险公司根据统计因果关系原理，在某年中有某个年龄段、从事某种职业的因某种疾病而死亡的人数有数千人。保险单就是根据这些统计数据制定的。但这些统计数据与被保险人的实际死亡原因无关。

现在，任何一位真正的艺术家或科学家，都以自己所在领域的整体利益为重，努力保护她们不受外来原则或方法的侵袭干扰。这正是普朗克在物理科学中的立场。如果说，我们生活在一个与旧的政治和社会传统背道而驰的时代，这从根本上是因为旧的传统已经不适合我们现代生活的经济秩序和社会秩序的变化。但是，科学研究应是一种不受人类社会秩序、生活环境变化而影响，保持独立、客观的活动。很自然的，公众的心智应该转向关注当今人类精神文明中最重要的一个分支——即物理科学，并在其中寻找普遍世界观的**支点**①。这一事实本身，尽管对科学家个人来说可能是一种奉承，但却危及所讨论的科学的完整性。

普朗克对“统计因果关系论”争论的兴趣正是来源于此。我们

① 译者注：原文为法语、斜体字，*point d'appui* f，意思为支点，支撑点。

也正是从这个角度看待他对实证主义命题的态度。物理科学的过度普及可能会促使一些物理学家匆忙地建立一种理论。而公众将这种理论作为令人敬畏或为之惊叹的对象，从某种意义上说，这是崇拜的对象，近似于以前大众对宗教神秘力量的崇拜。这也许可以这样解释，这一阶段的现代理论科学，多少有点类似于希腊哲学退化到诡辩阶段，这一阶段也是学院派衰落的标志。也正是这种衰落促使了英国洛克时代①经验主义学派的建立，其目的是重建一个可靠的哲学思想基础。当前，我们的物理科学领域也有类似的运动，也有着相似的目的。有些物理学家会把物理科学的范围缩小到对自然现象科学发现的简单描述，并且完全排除所有理论和建立任何假设。而普朗克认为，这种对研究范围的限制是违背科学精神的，而且对物理学非常不利。这就是他如此坚决反对的原因。作为物理学界的泰斗，他觉得自己有权利对狭隘的简化运动进行抨击。我十分确信在这方面，他代表了多数德国顶尖科学家的想法。不久前，我在哥廷根与普朗克的一些同行共进晚餐，那天赫尔曼·韦尔，马克斯·伯恩，詹姆斯·弗兰克都在场。大家经常提到普朗克，并对他反对

---

① 译者注：约翰·洛克（John Locke，1632 年 8 月 29 日—1704 年 10 月 28 日），英国的哲学家。在知识论上，与乔治·贝克莱、大卫·休谟三人被列为英国经验主义（British Empiricism）的代表人物，在社会契约理论上做出重要贡献。洛克的思想对于后代政治哲学的发展产生巨大影响，并且被广泛视为启蒙时代最具影响力的思想家和自由主义者。

简单采纳“统计因果关系论”的态度进行了热烈的讨论，大家都同意支持他反对实证主义的立场。

我在这里为了给各位读者生动地呈现出“量子理论”奠基人的形象，用了一种全景式的概要描述。最后，我将以一些物理学家关于普朗克在物理学地位的评论作为本文的结束。他无疑是德国科学界最受欢迎的人物。事实上，可以毫不夸张地说，他是所有物理学同行的挚爱。

量子物理学领域享有声望的慕尼黑大学的索末菲教授①，不久前曾写到普朗克：“他的博士文凭（1879 年）上面写着‘最优异成绩’的字样。我们将用同样的评语来评定他从那时起整整 50 年来的工作，不仅因为他的科学研究及成果，更多因为他是率先垂范的楷模。他从未写过一个不真实的字眼。在辩论问题时，他总是向对手表现出骑士精神。在德国物理学会重组过程中出现过分歧和对立，但普朗克是双方可信赖的代表，是世人公认公正的仲裁者。”

索末菲教授讲述了一个关于普朗克的故事，说明了普朗克总是乐于与同事合作的那种无私和谦虚的态度。索末菲曾从事原子物理

---

① 译者注：阿诺德·索末菲（Arnold Sommerfeld，1868 年 12 月 5 日—1951 年 4 月 26 日），生于东普鲁士的柯尼斯堡，卒于巴伐亚的慕尼黑。德国物理学家，量子力学与原子物理学的开山鼻祖人物。他对原子结构及原子光谱理论有巨大贡献。对陀螺的运动、电磁波的传播特别在衍射力以及金属的电子论也有一定成就。

学中“相空间理论”的研究。他写信给普朗克寻求帮助，普朗克立即将他自己在同一领域的实验结果交给了索末菲①。索末菲诗意大发，给普朗克寄去了他写的一首小诗。他在小诗的注解中说道：

我只是为了在量子物理学这片伟大的土地上采几朵小花付出了一点点努力，而正是普朗克才将这片土地，从寸草不生的茫茫荒野开垦为富饶的耕地。

Der sorgsam urbar macht das neue Land

Dieweil ich hier und da ein Blumenstraueschen fand. ②

这是一片精心耕作的花园

我在这里采撷一朵小花。

对于这一令人愉悦的赞美之词，普朗克以一种更加温和、谦恭的态度，用一首四行诗作了回应。

Was Du gepflueckt, was ich gepflueckt

Das wollen wir verbinden,

---

① 译者注：当时以及现在实验数据都是科学家最为宝贵的。

② 译者注：原文德语。

Und weil sich eins zum andern schickt

Den schoensten Kranz draus winden.

你的选择和我的选择。

这正是我们想要连接的，

只有把我们的心血都交织在一起，

才能组成最美丽的花环。

（你的选择和我的选择，

我们将把这些交织在一起。

交织成为美丽的花束，

这是我们互相馈赠的礼物。）[①]

普朗克在瑞典皇家科学院领取诺贝尔奖[②]时，发表了一篇简短的自我介绍，其中提到了一件折磨他家庭生活的悲剧。他失去了两个女儿，她们都在婚后不久就去世了，几乎可以说，她们都是穿着新娘礼服去世的；他还在战争中失去了一个非常有天赋的儿子[③]。另一个儿子受了伤，但活了下来，现在是冯·巴本（Franz von Papen）

① 原文注。

② 译者注：因发现能量子（量子理论），从而对物理学的发展做出了巨大贡献，普朗克（Max Karl Ernst Ludwig Plank 1858—1947）获得了1918年诺贝尔物理学奖。

③ 译者注：普朗克的长子死在了凡尔登战役中。

内阁的部长。

即使在与普朗克探讨科学学术问题时，也常常能够感受到，他孩子们的悲剧给他留下的心灵创伤。这段经历似乎唤起了一种深沉的渴望，使他的天性焕发出一种更温暖的光辉，人们倾向于称之为神秘。事实上，他不仅是一个科学家、一个非常务实的人、一个举止和衣着时髦的绅士，同时他也是一名优秀的运动员，几年前他爬上阿尔卑斯山少女峰①来庆祝他的 72 岁生日。同时，我不知道是何原因，人们仍然经常把他和贝多芬联系在一起，或许大家都还记得，在普朗克职业生涯的开始就有一个选择是：他是要发展他音乐方面的天赋，还是科学方面的。很显然，他选择了后者。但他也不会顾此失彼地荒废音乐天赋而单独发展科学天赋。因为，具备艺术家非凡创造性的想象力，对于成为卓越的理论科学家是必不可少的首要前提。而对自然和谐的不断寻求，也满足了对音乐的渴望。一个重要的事实是，爱因斯坦和普朗克这两位德国最伟大的科学家，同时也都是音乐家。

当我拜访他在柏林万根海默大街②的家，并在那个既是接待室又是书房的大房间里和他聊天时，我常常认为：他对自己的评估已

---

① 译者注：少女峰（Jungfrau），海拔 4158 米，位于瑞士伯尔尼高地，阿尔卑斯山区的著名山峰，是意大利和瑞士旅游业的经典景点之一。

② 译者注：原文 the Wangenheimer Strasse，Berlin，地名，音译。

经被他祖国的悲剧升华了，而这反过来又被当前世界的悲剧升华。因为在这件事上，他比大多数碌碌无为的人想得更多、也更为深远。但是，当有人忧郁的乌云初露端倪时，他就用他最喜欢的格言“人必须是乐观的”来反驳。我们必须是乐观主义者。他说，科学殿堂大门的铭文昭示着，走进科学殿堂的条件是：**你们必须有信仰**[①]。贯穿于他所有的工作、演讲或者他所说过的一切，是一根熠熠生辉的金线，那就是对科学研究最终目的所抱有坚定不移的信仰。

① 译者注：原文为斜体字。

第一章

科学五十年

在这里，我（普朗克）简要介绍一下在本人进行量子物理领域研究期间，德国物理科学的进展情况。为了清晰起见，我不以时间排序，而是以各学术体系的科研发展作为主线。同时，我还会把其他国家科学家所做的相关合作工作融入在内。其中，我将会提及对于某个特定的阶段具有标志性意义的科学家，也可能会忽略了同样著名但并不鲜为人知的科学家。我要强调一下，我提及的这些名字仅仅是为了说明科学进展中具有里程碑性质的节点或转折点，而不是对所提到的或没有提到的科学家进行严谨的学术评价。

让我们以1880年为起点。当时，四个伟大的名字在所有物理学家中最为耀眼，他们照亮了物理研究的前进方向。他们是：赫尔曼·冯·赫尔姆霍兹、古斯塔夫·基尔霍夫、鲁道夫·克劳修斯和路德维希·玻尔兹曼。前两位是力学和电力学领域的权威专家，而后两位则是热力学和原子物理学领域的杰出代表。但这四位科学先驱的研究领域之间并不是绝对割裂的。他们共同认同或代表了一个物理宇宙的概念。这个共同的概念是建立在两个理论基础之上的。其一是汉密尔顿的“最小作用量原理”，其中包括了能量守恒定律；其二是热力学第二定律。

当时，几乎所有物理学家都认为，后续理论物理学的任何发展都势必朝着这两个普遍原理的方向发展，直至得出最终结论并加以应用。当时没有人会想到在很短的时间内，居然在这两个对于支撑物理学具有统领地位的公理之外，会孕育出一个与他们具有同等地位的全新物理理论体系。

这个新理论体系的出现，早已经在我前面所提到的物理学先驱者所提出的一些探索或假设中初露端倪，也体现在那些当时代表新生代的科学新锐的学术思想中。海因里希·赫兹是后者中的杰出代表。他站在新时代的前沿，对他为现代物理学事业所作的贡献怎么估计也不为过。不幸的是，他在波恩大学担任理论物理教授时就英年早逝，年仅 34 岁。① 他的研究工作也就此终止。赫兹发现并验证了能够在真空中传播的电磁波，尽管这一发现具有划时代意义，但他并不是新学说的创始人。赫兹的主要成就是通过实验有力地证明并确定了麦克斯韦理论在电磁学中的地位，从而终止了长期以来在电磁学领域中纷争不一的学术假说。正是由于这些成就，赫兹在统一理论物理学方面取得了非常重要的成果，因为他将光学和电磁学纳入了同一个物理学理论体系。

他最后的工作是将牛顿力学简化到理想的程度。在牛顿力学中，

---

① 译者注：赫兹去世时享年应为 37 岁。海因里希·鲁道夫·赫兹（Heinrich Rudolf Hertz，1857 年 2 月 22 日—1894 年 1 月 1 日），德国物理学家，于 1888 年首次证实了电磁波的存在。并对电磁学做出很大的贡献，故频率的国际单位制单位赫兹以他的名字命名。

动能和势能一直被认为是本质上完全不同的。赫兹成功地统一了动能和势能这个二元论，他从根本上消除了“力”的概念。赫兹将“牛顿力”与物质的内部运动联系起来，因此，迄今为止所称的势能，现在被动力学概念所取代。然而，赫兹从未试图在任何特定方向上解释这些内在运动的性质，例如引力。他最终止步于确立了统一的假设框架原则。

如果我们将某些仍然处于发展初期的理论也考虑在内，我们可以说，在上个世纪末（19 世纪），理论物理呈现出了一个完整的、各部分完美结合在一起的整体。然而，一个敏锐的观察者不可能没有注意到一些不尽如人意的地方——在其中基础的部分中仍然存在着还没有形成闭环的结构缺陷。赫兹敏锐地注意到了这一点。他提请大家注意这样一个事实，这结构有可能并不能形成理想的闭环结构，即使证明这结构是完整、闭合的不是完全不可能，至少也是非常困难的。针对这些缺陷很快形成了科学反思，而这种反思逐渐发展成为一种开创性的探索，并最终带来了自牛顿时代以来理论物理学最重要的扩展。

在物理学中，甚至于在任何科学体系中，如果没有外部压力，没有任何一个学说体系会由内而外改变其理论体系。事实上，一个理论体系越清晰、越完整，它就会越顽固地抑制体系扩张或新体系出现的一切可能。这是因为在体系化思维中，有着其逻辑的一致性与连贯性，任何一部分的任何改变都必然会对其他部分产生影响。例如，接受相对论的主要困难不仅在于它客观有多少优缺点，而且在于它会在多大程度上颠覆牛顿力学理论体系。事实是，除非这个学术体系外部具有强大的压力或革新动力，否则一个结构完整的学术思想都绝不可能发生任何改变。这种外部压力或革新动力，一定是来自于一个已经经过试验验证的并且结构完整的新理论体系。因为只有这样，我们才能放弃长期以来被公认为是“真理”的定理、定律或理论体系，而去接受新的更为正确的理论体系。进而，我们才能成功地使原有整个理论体系结构发生根本性的革新。而在这根本性的理论革新之后，也必然会出现一系列需要实验验证的新问题。正是在解决这些问题的过程中，人们提出了新的想法，从而进一步形成了新的理论或学术假设。

这种理论与实验的交替前行的状态，是现代物理独有的特征，一方面在理论构建时以抽象的理论推理为依据；另一方面，所有的纯理论又必须经过科学实验验证其稳定性和正确性。这个过程在所有科学进步中都具有重大意义，因为它是能产生可靠、持久且正确结论的唯一有效方式。

赫兹生命的最后阶段，全部倾力于解决理论物理学中的两大难题，但遗憾的是他并没有实现有效突破。而这两个问题最终成为我们今天的物理学发展的核心：（1）阴极射线的特征和性质；（2）电磁学。这两个问题都有自己的历史延续；也都是一个新理论的起点——前者引发了电子理论，后者引出了相对论。

电子理论

1859年冯·普吕克尔①首次发现了阴极射线。这一发现自然而然地引起了科学家们的极大兴趣，围绕着“阴极射线究竟是什么”的问题展开了激烈的争论。阴极射线是带电粒子，还是像光一样的波？赫兹开展了一系列实验以验证“X射线实质上就是在电磁场中不能被偏转的阴极射线”，并通过这些条件不完备的实验，过于草率地得出错误结论：阴极射线不是带电粒子。在这些实验中，他将阴极射线施加在磁针上进行测试，发现在每种情况下，磁针都保持在平衡位置。因此，以赫兹为首的一批物理学家都认为阴极射线是种电磁波、是“光以太”，并在很长一段时间都一直在徒劳地做了大量实验，以期证明他们的假设是正确的。如果赫兹的这个假设是正确的，那么他的这一假设将填补理论物理结构中的一个具有很大争议的空白。

---

① 译者注：冯·普吕克尔（von Pleucker），德国物理学家，又译为普里克。他在德国波恩大学任物理学教授时发现阴极射线。

但事实与赫兹的假设正相反，有更多的迹象表明阴极射线是微粒、是带电粒子。随着实验方法的进步，科学家们开始越来越坚信阴极射线最终会被科学验证是带负电荷的粒子。当威廉·维恩和埃米尔·威舍特先后验证了射线中的电荷、射线的速度后，也进一步确定了这个方向是正确的。正是这些研究和发现奠定了电子理论的基础。

值得注意的是，纯理论研究和科学实验是如何交替前行协同工作的，有时以科学实验为先导，有时以理论创新为先导，抑或是两者交替前行、互为先导。以菲利普·勒纳德为代表的科学家认为，更多是科学实验为先导。1892 年，他证明了阴极射线可以穿过非常薄的金属箔，并成功地在产生阴极射线的封闭试管之外检测到了阴极射线。1895 年，伦琴在研究阴极射线时发现了 X 射线，从而为物理科学开辟了一个新天地。同时，他的发现给当时的理论物理学提出了一个全新的课题。这间接导致了法国物理学家亨利·贝克勒尔发现铀射线。卢瑟福和索迪在进行相同实验中，发现了放射性物质并建立了放射性理论。

为了解决阴极射线、X 射线和放射性的来源和性质等问题，科学界开展了更多全方位的实验研究。在早期的实验阶段，当我们把一片金属箔放在电子管阴极发射的另一端时（即所谓的“反阴极”），电子流能够从“反阴极”穿透过来。进而，科学界很容易就确定了“X 射线是具有电磁性质”这一观点。但是在很长一段时间里，一直难以对伦琴射线的波长进行科学准确的定量分析。发展至此，一位理论物理学家冯·劳厄教授的工作，为接下来的研究完成了具有决定性、突破性的一步。

1912年，冯·劳厄与物理学家弗里德里希和基平共同开展的实验中，通过使X射线穿过晶体产生干涉现象，成功地确定了X射线的波长。用这种方法可以测量X射线的波长，但这个实验当然只适用于均匀的伦琴射线，如果是多种波长相互叠加时，就会引起干涉现象的不准确、不稳定，因此也不能得出准确的结论。

冯·劳厄的这一发现，在原子物理学和光学领域均具有非凡的价值。它使物理学家以不同的放射物体性质的差异，将伦琴射线和伽马射线在电磁学领域进行分类。另一方面，物理学的一个全新发现是，阴极射线是由带电粒子构成的——是一种质量非常小的自由电子。正是由于引入电子的概念，一直以来难以圆满解释的很多物理现象才得以科学地解释。

早在1881年，亥姆霍兹就在他那次著名的法拉第演讲中明确指出，从化学原子的观点来看，只有把电理解为像物质一样，具有原子电子结构，才能科学地解释“法拉第电解定律”。亥姆霍兹假设的电子首先在阴极射线中与所有物质都是游离和分离的，然后才出现在放射性物质的β射线中。与化学对原子表述的不同是，所有的电原子都是均匀的，只是它们的速度不同而已。电子的发现以及将其概念应用到相关科学中，使人们对金属导电的本质有了新的认识。众所周知，电流通过金属导体时不会产生化学变化。通过揭示电子真实性，就可以理解电流通过金属传导的本质就是自由电子的运动。这一观点之前是威廉·韦伯首次提出的，爱德华·里克和保罗·德鲁德通过实验验证了这个科学假说并将其进一步发展。

物理界接纳了客观世界真实存在自由电子，人们就试图证明这些电子也有另一种状态——“被约束”的状态。这促使研究人员开始研究物质在物理和化学方面还有哪些未知的特性、性质。德鲁德通过引用原子中的电子来解释物质的光学色散和化学价态，为此，他区分了紧密束缚电子和松散束缚电子，前者引起光的色散，后者解释化学价态的性质。随后，洛伦兹将整个电子理论表述为一个独立的整体。他致力于研究的方向是，某种具体物质的所有性质特征，是否可以通过其所包含的原子和电子的不同排列和相互作用来解释。

在过去近50年对放射性领域关于物质内部原子结构的研究工作，得出最终的结论是：所有物质都是由正电荷和负电荷这两种原始粒子构成的。正负电荷都是均匀的且带有相反电荷的粒子。其中，较重的带有正电荷的粒子被称为质子，较轻的带有负电荷的称为电子，两者的结合称之为中子。每个电中性的化学原子都是由一定数量的紧紧结合在一起的质子和相等数量的电子组成的；其中一些电子与质子结合，并与质子一起形成原子核，而其他的自由电子则在围绕原子核的轨道上运动。后者被称为自由电子或轨道电子，不同元素都有其特有电子数量，被称为原子序数。各种元素的所有化学性质都取决于这个数字。

相对论

上一节我比较详细地介绍了赫尔曼·赫兹及其在这轮科技创新中的工作，这轮科技创新最终导致了电子理论的建立。现在我们来谈谈第二个伟大的理论——相对论，前面我已经提到，它与电子理论是一起形成。50 年前做梦也想不到的是，这两大理论已经发展成为支撑现代科学的主要支柱。我们发现赫兹是这两大理论的先驱之一。他一生工作的最后阶段，也是他最富有成果的时期，主要致力于研究运动物体中的电磁学。在部分研究中，赫兹选择了“所有运动都是相对的”这一原则作为他的出发点。以麦克斯韦理论为基础，他为电动运动现象建立了一个方程组，其中有关物体的速度仅考虑其相对运动的速度。这是通过这样一个事实来表示的：就像牛顿运动定律一样，如果把所讨论的物体速度与一个运动坐标参考系，或与一个观察者联系起来，这些方程就保持不变。在赫兹理论中认为，没有必要为电动波引入一种特殊的实质性传输介质的概念。如果我们在这里引入“以太”

作为一种光电的传输介质，那么我们必须假定光电与“以太”之间没有相对运动，而仅仅是完全由“以太”来传导的。

尽管赫兹理论的内在连贯性方面非常出色，但他从一开始就认识到它还有相当大的缺陷。光在空气中运动时应该与声波的情况类似，需要考虑到空气的运动方向和速度，理论上不管空气多么稀薄，也会对传播速度有影响。这就是赫兹理论能够成立的一个必要条件，但菲索的一个突破性发现，证明事实却与之相矛盾。菲索证明了，光在流动的空气传播速度和在静止的空气的传播速度是一样的。换句话说，不论是逆风、顺风或是在完全静止的情况下，光在空气中传播速度是不变的，丝毫不受空气的任何影响。

洛伦兹提出了“整个宇宙空间充满了静止的以太”的观点，以试图消除赫兹理论与菲索发现之间的矛盾。同时，“以太”被定义为是所有光电动运动的载体。在以太中，原子和电子作为不同的粒子可以自由运动。这样，赫兹理论的优点可以被保留，同时又与菲索的发现相协调。另一方面，这又涉及放弃相对论的思想。因为它建立了一个绝对静止的参照坐标系。正是这个“静止的以太”假说，似乎比迄今为止提出的任何假设都更令人满意。

相对论就这样遭到了挫折。但是，赫兹理论由于出现了新的无法解决的缺陷，很快就又被否定或质疑。以这个理论为基础，所做的有关于测量地球绝对速度的实验都失败了。换句话说，事实证明，测量地球与这种凭空设想出来的“静止以太”之间的相对速度是不可能的。即使是最精细的实验，即迈克尔逊和莫利所做的实验，也无法探测到地球运动对光速的任何影响，尽管根据洛伦兹学说，这应该是可以被感知到的。

在这种情况下，在上个世纪末（19 世纪），理论物理学面临着在放弃“洛伦兹理论”或“相对论”之间二选一的选择。1898 年 8 月，德国物理学和物理学家协会①在杜塞尔多夫举办的一次会议上，这个学术危机引起了科学界的关注。在那次会议上，整个问题在一场辩论中得到了充分讨论，辩论的焦点是在会议中宣读的两篇论文：一篇是威廉·维恩撰写的，另一篇是洛伦兹提交的。这场学术争论持续了长达 7 年之久。最终是在 1905 年，阿尔伯特·爱因斯坦发表的“相对论”中提出了一个解决方案。爱因斯坦的理论假设支撑了洛伦兹理论成立，但其代价是引入了一个似乎完全陌生的假说，即狭义相对论认为建立在“以真空中光速为常数”② 作为基本假设时，空间和时间并不是相互独立的。这一假设在逻辑上是无懈可击的，因为它是用一个完美无缺的数学公式来表示的。然而，相对论与当

① 原注：Gesellschaft deutscher Naturforscher und Aerzte. 德语。德国博物学家和医师协会。

② 译者注：前提为“光速不变”。光速不变，是指光速相对于任何东西来说都不变。

时所有公认的观点完全相悖。

就在爱因斯坦第一次发表相对论假说的几年后，闵可夫斯基[①]为这一假说提供了有力的证据。他表明，如果我们把时间定义为是虚构的，并假设时间单位是“光在一个‘标准长度单位’上传播所需的时间量”，那么我们所有与空间和时间有关的电动力学方程都是正确的、可推理的。因为时间的一维和空间的三维在电动力学的每一条定律的表述中都是同等重要的因素。因此，三维的“空间”被扩展为四维的“世界”，当参考系统——也就是观察者——改变其速度时，支配整个电动力学领域的数学定律保持不变，就像当参考系统将其运动从一个方向改变到另一个方向时，它们保持可变一样。

接下来的问题是：如果相对论假说在它的新表述中，对于整个物理科学具有意义和有效性，那么它必须不仅适用于电动力学，而且也适用于力学。然而，如果相对论在力学领域是适用且有效的，那么我们必须改变牛顿提出的运动定律，因为当四维参考系改变时，牛顿定律不能在各种条件下都具备同样稳定的有效性。从这些问题中产生了所谓的相对论力学，这是对牛顿力学的完善和扩展。在电子快速运动的情况下，通过科学实验验证了相对论

① 译者注：闵可夫斯基，德国数学家，四维空间理论的创立者，被称为“闵可夫斯基时空”，为广义相对论奠定了理论基础。

力学，因为实验表明“质量并不独立于速度”。换句话说，研究表明，快速运动物体的质量随着速度的增加而增加。从而进一步证实了爱因斯坦假说。

除了将空间和时间与力学运动定律结合起来之外，相对论还完成了另一个同样重要的融合。这就是质量与能量的关系。这两个概念的统一，为物理科学中的所有方程建立了与时空连续体的四个坐标的对称性，即动量向量对应于位置向量，能量标量对应于时间标量。相对论的另一个重要成果是：通过计算确定了静止的物体其能量为正，物体能量的表达为“质量乘以光速的平方”①。因此，质量是在能量的概念下考虑的。

但是爱因斯坦并不满足于他的理论的成功。一旦证明“如果只是线性—矩阵间相互交换，那么所有参考系或观测点都是同等有效的”，爱因斯坦就会面临对于任意一个参考系，这种等效是否完全有效，以及在多大程度上有效的问题。将简单力学方程转换为任何其他参考系通常涉及某些附加因素，例如离心力——其中存在旋转参考系的问题，如地球，只要可测量质量和惯性质量是一致的，这些额外的因素表现为重力的影响。现在仅从物理科学的观点来看，几何参考系统没有比其他系统具有任何优势，且不变性的性质只能

① 译者注：即爱因斯坦最著名的公式 $E = MC^2$。

根据黎曼曲率张量来解释，而黎曼基本张量又被物质在空间中的分布所影响——这导致了广义相对论的形成。这种广义相对论将前一种理论作为一个特例包含在内，广义相对论与狭义相对论的关系，可类比为黎曼几何与欧式几何的关系。

广义相对论的实际意义自然地被局限在非常强大的引力场中或者具有长期周期的运动，前者例如太阳的引力场，它会影响颜色和光线，后者例如水星轨道的近日点位移。广义相对论代表着的是整个物理学向物理学几何化思想迈出了伟大的第一步。爱因斯坦最近致力于迈出第二步，这就是将力学和电动力学统一在一个方程组下。为此，他承担了不同于黎曼几何的“统一场论”① 的研究任务。我们尚未等到这一尝试的最终成功。

量子论

过去 30 年中，除相对论之外，量子论是理论物理学中发展出来的一个全新的独立理论体系。正如相对论的理论一样，量子论的起源和基础是因为发现经典理论不能完全解释科学实验所发现的现象

① 译者注：20 世纪初，爱因斯坦破除牛顿的引力论中超距作用观念，把场的观点引进引力理论而创立了广义相对论。其后不久，便出现了以统一引力场和电磁场为目标的“统一场论”研究热潮。

或数据，因此必须放弃这些既有的经典物理理论。这个理论成果并不是在光学领域发现的，而是出自于对热力学领域的研究，是在测量和计算黑体①热辐射光谱中发现的。

根据具有普遍意义的基尔霍夫定律，这种辐射能量与辐射体的性质无关。在这个方向上，古典理论确实已经取得了重要的成果。首先是玻尔兹曼根据麦克斯韦提出的“辐射压”② 假说以及热力学定律，推导出所有类型的辐射都只与温度有关。威廉·维恩进一步扩展了这个理论，并推论出“光谱能量分布曲线的位置和最大数值，会因温度变化而发生位移”。这与所有精细的实验测量的结果完全一致。但就这条曲线的形状而言，理论上得出的结论与冯·卢默和普林斯海姆、鲁本斯和库尔鲍姆根据实际测量数据绘制出的曲线之间，存在非常大的差异。然后马克斯·普朗克（我本人），以热力学定律为基础，对实验结果进行解释，得出了一个革命性的假设：即在光波长为横坐标和辐射能量强度为纵坐标的图形中所具有的多种不同特征曲线是一个整体；并且曲线图像上的任何两个特征之间的差异，以一个确定的普适常数为特征，即基本能量子（即量

---

① 译者注：黑体，一种物理学提出的理想物体。

② 译者注：辐射压，物理学名词。1871 年，英国物理学家麦克斯韦从理论上推论出电磁辐射会对所有暴露在其下的物体表面施加压力的事实，并且先后于 1900 年被苏联物理学家列别捷夫、1901 年被尼古拉斯和赫尔经由实验证实。

子）发生了作用而产生出不同的曲线。

这一假说的成立，从根本上打破了物理学迄今所有的基本观点；因为在那之前，物理学界公认的是，物理图像的状态可以被无限制地改变。这一新假设的建立立即表明，它导致了一条新的定律——该定律完美解释了光谱上的能量分布，并且与实验测量结果完全一致；同时，它也为测定分子和原子的重量提供了一种方法。在此之前，就原子质量的测量而言，科学只能满足于或多或少的粗略估计。爱因斯坦证明了新理论有更进一步的结果，因为它适用于物质体的能量和比热。迄今为止，比热随着温度的降低而无限地降低仅仅是一个假设，但这一假设现在已通过爱因斯坦的实验得到了证明。马克斯·伯恩、冯·卡门①合作，与 P. 德拜②分别基于量子理论深入研究比热与温度的关系问题，并成功地制定了一条定律，可以根据所讨论物质的弹性常数计算比热随温度的变化。然而，对于量子论所具有的普遍有效性，最显著的证明是，能斯特③在 1906 年以完全不同于量子论的方法，也得出了与量子论相同的结论，能斯特引入的化学常数也依赖于能量子。同时，萨克尔④和特鲁德⑤也清楚地证明了这一论点。

---

① 译者注：冯·卡门，匈牙利裔美国物理学家。
② 译者注：P. 德拜，荷兰物理学家、物理化学家，诺贝尔奖获得者（1936 年）。
③ 译者注：能斯特，德国化学家，诺贝尔化学奖获得者（1920 年）。
④ 译者注：萨克尔，德国物理化学家。
⑤ 译者注：特鲁德，荷兰理论物理学家。

如今，对量子理论的可靠性的信念已经变得非常强烈和广泛，以至于当一个化学常数的测量值与理论计算不一致时，学界会认为这种错误不是量子理论本身的原因，而是由于应用量子理论的方式有误，即对所研究物质的原子条件的假设出现了谬误。但热力学定律只是具有回归统计性质的，当应用于原子中的电子运动时，只能给出概括性的结论。现在，如果量子化运动具有今天热力学上赋予它的意义，它就必须在原子的每一个过程中，在辐射的每一种发射和吸收以及光辐射的自由散射中，被准确地检测到。在这里，爱因斯坦再次提出了“光量子是独立存在和独立活动”的假设。

这导致了一系列新的问题的提出，相应的，物理学和化学也开始了新的研究。物理学家主要研究光量子发射的问题，化学家以研究电子、原子和分子为主。其中，弗兰克和赫兹在电子脉冲释放出的光中，首次直接测量到了光量子。尼尔斯・玻尔成功地进一步阐明了这一理论，并将其扩展应用到热力学之外的领域。在量子论的基础上，他提出了原子内部发生的围观运动所遵循的规律。他从数学上证明了，在他建立的原子模型中，如果原子的电子以极高的速度旋转，电子从一个轨道移动到另一个轨道所涉及的能量变化正好符合量子理论，即物理状态的变化不是逐渐发生的，而是跃升的。这是量子理论第一次被应用到热力学之外的领域。

采用量子方法解决经典物理学难题的方向又迈进了一步，加速了量子论的发展。阿诺德·索末菲对波尔的理论提出修正①，他成功地解开了一直无法解释的“氢光谱精细结构之谜”②。而“波尔原子模型”虽然不能完美解释光谱现象，但其在解释化学原子定律方面是有效的，是解释化学领域中元素周期性变化的基础。

玻尔教授本人从未声称他的“波尔原子模型”能够为量子问题提供最终解决方案；但他所提出的“对应原理”是卓有成效的，因为这是一条从原子的经典理论到量子理论的指导性原则，为量子理论的进一步发展指明了方向。

事实上，由于玻尔原子模型的不连续性，也就是所谓的静止电子轨道，其特性与经典力学定律不一致，因此存在一定程度的不确定性。海森堡教授发现了解决这一难题的方法，他提出了一种与经典理论完全不同的电子运动模型。他认为，可以通过测量的宏观基本物理量，再与纯理论模型相结合并加以推导和处理，因此他成功地建立了“矩阵力学”理论及方程，通过这个理论，量子理论的普遍有效性问题得以解决。马克斯·波恩和帕斯库尔·约尔当的合作

---

① 译者注：其修正在于，1916 年，他对玻尔的理论提出修正，即引入了电子的椭圆轨道，在作这样的修正时，他把爱因斯坦的相对论应用于高速运动的电子，这样，相对论和普朗克的量子都在这种原子模型中找到了自己的位置。人们往往把这种原子模型叫作“玻尔—索末菲原子模型”。

② 译者注：氢光谱精细结构之谜：氢原子光谱的每一条谱线，实际上是由两条或多条靠得很近的谱线组成的（而不是一条）。这种细微的结构称为光谱线的精细结构。

揭示了这种特殊的计算方法与矩阵计算方法之间的密切关系，而W. 泡利①和P. 狄拉克②在这方面又迈出了重要的一步。

值得注意的是，这样一种迂回的方式，有时甚至看似背道而驰，却通向同一个目标——扩展和开辟了量子论的基础理论和新的应用领域。随着“光波理论”的建立，量子论又有了进一步的扩展。海森堡理论最初只承认测量中物理量的整数数值。也就是说，他的结果验证了量子理论假设的不连续性条件。

同时，由L. 德布罗意提出的另一种与海森堡毫不相关但可以相互印证补充的理论也快速发展起来了。爱因斯坦提出了“光同时具有波和粒子量子的双重性质”：从能量的角度看，光是离散的、微小的粒子，也就是说它们是集中的量子或光子；但如果我们从电磁学维度来观察光，所有的实验都表明光就像一个横波或脉冲，这完全对应于光的麦克斯韦波理论。这是现代物理学的一大难题。而波动力学假说正是解决这个问题的一种尝试。正是薛定谔在他提出的“薛定谔波动方程”③ 中首次给出了波力学的精确解析公式。对于能

---

① 译者注：W. 泡利，奥地利理论物理学家，量子力学的先驱之一。

② 译者注：P. 狄拉克，英国理论物理学家，量子力学奠基人之一。

③ 译者注：原文，the partial differential equations，直译为“偏微分方程”。薛定谔波动方程（Schrodinger wave equation），是由奥地利物理学家薛定谔提出的量子力学中的一个基本方程，也是量子力学的一个基本假定。它是将物质波的概念和波动方程相结合建立的二阶偏微分方程，可描述微观粒子的运动。

量的整数数值，一方面直接导致了海森堡所制定的量子化规则，另一方面，它扩展了量子理论应用于衰变过程甚至更复杂的问题。在当前的发展阶段，我们可以有把握地说，薛定谔提出的“波动力学理论”已经明确地确立了它是现有量子力学的升级扩展①。经典力学和波动力学之间的区别主要是，由于物理图像的运动定律不能像经典力学那样被表述——即关于物理图像的运动定律不能像经典力学中那样表述，经典力学的运动图形不能被分解成最小不可再分的微单元，因此每个微单元的运动都不能单独计算。相反，根据波动力学，图形必须作为一个整体呈现在眼前，其运动必须被视为是由组成整体的相互不同的个体运动的总和。由此推导出，基本方程所包含不是牛顿力学中的局部力——而应是整体的力——势能。此外还有一个结论，即从一个粒子的位置和速度的角度来分析这个粒子的状态是没有任何意义的。因为，这种状态充其量只是一个特定的潜在空间，用于发挥作用量子的维度排序。理论上，每种测量方法都会包含所有要素与所有不确定性的总和。

有一点是不言而喻的，客观运动规律本身独立于用来测量它们的仪器的性质。因此，在对客观运动的每次观察中，我们必须牢记

① 译者注：薛定谔证明了他的波动力学和海森堡矩阵力学是等价的。波动力学和矩阵力学共同结束了旧量子论的时代。

的第一原则就是，测量仪器的可靠性是起到决定性作用的。正是由于这个原因，许多量子物理学的研究人员在测量过程中，不考虑直接的因果关系，而是采用统计方法来得出结论。但与其相反，我认为可以同样公正地建议：可以改变的是，当前我们从经典物理学中得到的因果关系的表述方式，以便使其具有其应有的严格的有效性。但是这个基于严格表述方式的直接因果关系法和统计法之间哪个更具有竞争优势，这取决于哪一种方法比另一种更富有成效。

第二章

外部世界是真实的吗？

我们生活在一个非常独特的历史时刻。从字面意义上讲，这是一个危机时刻。在我们精神文明和物质文明的每一个分支中，我们似乎都到达了一个关键的转折点。这种特征不仅表现在公共事务的实际状态上，而且表现在个人和社会生活中对待基本价值观的普遍态度上。

会有许多人说，这些特征可能是标志着“一次新的”伟大文艺复兴的开始，但也有人从这些现象中看到了我们的文明注定要走向衰落的信号。开始，只有宗教，尤其是其教义和道德体系是怀疑论攻击的对象。随后，反传统的人开始打破艺术领域至今被公认的理想和原则。现在，他们已经侵入到科学殿堂。当前，几乎没有一种科学公理没有被人否定过。而与此同时，几乎只要是以科学名义提出的，即便再荒谬的理论也肯定会有坚信不疑的人支持它。

在这种困惑中，我们很自然地会问，是否还存在这样一块科学真理的基石——它是无懈可击的，能帮我们抵御周围肆虐的怀疑主义风暴，让我们的科学信仰有立锥之地。总的来说，科学呈现出了一个非凡的理论结构，这是结构性推理最引以为豪的成就之一。迄今为止，科学结构的逻辑连贯性一直是那些批评艺术和宗教基础的人无限钦佩的对象。但这种基于严格逻辑的品质，依然无法帮助我们对抗怀疑论者的攻击。数学是最纯粹的逻辑，只用于表达呈现一个又一个的真理。但它只是科学严密的上层结构，而不是科学信仰的基石。

我们应该在哪里寻找一个坚实的基础，让我们对自然和客观世界的看法能够以科学作为基础？当我们提及这个问题时，我们的思维立刻转向最精确的自然科学，也就是物理学。但即使是物理科学也未能逃脱这一历史关键时刻的影响。不仅是物理科学所必需的可靠性受到外界的质疑；同时，在这门科学本身的范围内，混乱或自相矛盾的思想也开始活跃起来。这种混乱矛盾的思想对于一些根本性的问题上影响甚巨，值得关注的是，这其中包括人类能够以何种方式、在多大程度上认知外部客观现实等根本问题。举一个例子：迄今为止，因果关系原理被普遍认为是科学研究不可或缺的假设，但现在一些物理学家告诉我们，必须将其抛弃。这样一种不同寻常的观点，竟然在以对客观真实负责为己任的科学领域里表达出来，这一事实被广泛认为是全盘质疑人类知识可靠性的重要体现。这的确是一种非常严重的情况，因此，作为一名物理学家，我觉得我应该就物理学目前所处的状况提出我自己的看法。也许我接下来要说的，也能够为那些同样被怀疑论阴云所笼罩的人类其他领域活动带来一些启发。

让我们来讨论一些基本的事实。每一种认知行为的开始，以及每一门科学的起点，都必须建立在我们个人的经验中。我在这里用的是“经验”这个词，是指它的技术哲学内涵，也就是我们对外界事物的直接感官感知。这些都是感官感知的直接数据，它们构成了我们连接科学思想链的第一个也是最真实的“锚”；因为在可作为科学基石的素材要素中，要么是来自于我们自己对外部事物的直观感知，要么是通过他人的信息间接获得的，即从之前的研究人员、教师或图书出版物等处获得的。也就是说我们的知识只通过直观感知经验和间接获取两种方式或来源，除此之外，就没有其他科学知识来源。在物理科学中，我们必须专门研究那些通过我们感官直接观察到的自然现象。当然，我们还可以借助诸如望远镜、振荡器等测量仪器。在反复观察、统计和计算的基础上，对客观现象所得到的记录进行整理归纳和模式化。假设，我们的科学研究的内容，仅仅限定在我们可以直接看到、听到、感觉到或触摸到的自然现象，以及基于此形成了直接数据和“无可争辩的”现实；并且，如果物理学的作用仅仅是测量和报告这些“直接数据”或“无可争辩的”现实，那么就没有任何人会质疑物理学其基础的可靠性。

但问题在于，这个基础是否完全满足物理科学的需要？如果我们可以说，物理科学的工作只是以最准确、最简单的方式来描述研究各种自然现象时所观察到的规律，那么，物理科学是否已经充分地、彻底地完成了自身任务呢？有一些哲学家和物理学家的观点认为上述这个狭隘的范围，也只有上述这个范围才是物理科学应有的研究范围。正是由于前述所说这个时代“质疑一切”的思潮，所引起的普遍混乱、困惑和不安全感，让许多杰出的物理学家认可接受了这一观点。他们认为无论如何，以直接测量得到的客观存在的数据，才是物理学坚不可摧的基础。提出这一观点的学派一般称为"实证主义"学派，在本书中我要说的一切，都是指在这个意义上的"实证主义"这个词。我认为，我有必要在这里强调和明确一下，因为从"实证主义"创始人奥古斯特·孔德[①]的时代以来，这个词被赋予过许多含义。所以，我所使用的"实证主义"仅限于上述我所明确限定的意义。恰巧，这也是这个词最被普遍认可的意义。

现在让我们问一下，实证主义所提供的基础要素是否足够广泛，是否足以支持整个物理科学的每个部分？要想找到这个问题的答案，最好的办法就是问，如果我们认为实证主义是物理学的唯一基础，它会走向何方？

暂时假设我们是实证主义者。让我们不厌其烦地控制自己，以便我们严格遵守它的逻辑含义，不让陈词滥调和情感因素诱使我们偏离实证主义的逻辑思路。让我们此时此地决定："无论我们在秉持实证主义思路得到多么匪夷所思的结论，我们都将坚定不移地坚持这一思路。并且确信，我们在这样做时，我们不会面对直接从观

---

① 译者注：奥古斯特·孔德（Isidore Marie Auguste François Xavier Comte，1798年1月19日—1857年9月5日），法国著名的哲学家、社会学和实证主义的创始人。

察领域中出现的逻辑矛盾——因为很明显，按照实证主义自然界中两个实际观察到的事实，在逻辑上是不可能相互矛盾的。”另一方面，只要我们坚持实证主义，我们无论如何都不能忽视任何人类知识的来源，就必须处理各种各样的直观经验。因为，这正是实证主义的力量所在。只要物理科学坚持实证主义的原则，它就应被限定在致力于解决所有可以通过直接观察就得到答案的问题。每一个具有明确重要性意义的问题都应归属于物理学实证主义规则下。如果我们满足于对自然现象的直接观察和记录，显然就不应有任何基本的谜题需要解决，也不会有任何模糊的问题。一切现象、问题和答案都应该是非常明确确定的。到目前为止，情况看起来很简单。但当我们开始处理个例时，贯彻这一原则就不是看起来那么简单的事情了。我们的日常语言习惯，使我们很难遵守严格的实证主义规则。在日常生活中，当我们说到一个外部的物体——比如一张桌子，我们所谈及的是与物理学中实际观测到的桌子，是不同的东西。我们可以看到桌子，我们可以触摸它，我们可以靠在桌子上试试它的牢固程度和硬度，如果我们用手指敲击它，我们会感到疼痛。根据实证主义，桌子只不过是这些感官知觉的一个综合体，我们只是习惯于把它们与“桌子”一词联系起来。除去这些感官知觉，就什么也没有了。我们必须剔除所有不能被感官直观感受到的一切，而只保留可以被直接感受到的部分，因为只有这样做了，在实证主义中

“桌子”这个定义才是明确无误的。对于实证主义者来说，询问他“现实中的桌子是什么？”是毫无意义的；我们的其他物理概念也是如此。我们周围的整个世界只不过是我们所有感知经验的模拟、映射或重构。把这个世界说成是不依赖于这些经验而独立存在的，就是一句毫无意义的话。如果一个与外部客观世界有关的问题，不能被某种感官所感知，也无法被任何科学仪器测量，那么它就毫无意义，就必须排除在外。那么，在实证主义体系的范围内，任何形式的形而上学都将没有立足之地。如果我们仰望繁星满天的苍穹，我们会看到无数的光点或光晕，它们在夜空中或多或少地以一种有规律的方式移动。我们可以测量光线的强度和颜色。根据实证主义理论，这些测量不仅是天文学和天体物理学的原始素材，而且是这些科学唯一的主题。除了记录这些测量之外，天文学和天体物理学没有什么可做的了。他们从测量中得出任何推论，这些推论不能被认为是合理的科学。这是实证主义的观点。我们在整理、选择和系统化测量数据时所做的思维活动，以及我们提出解释它们为什么是这样而非那样的种种理论，都是人对客观世界的无端侵扰。这些都仅仅是人类理性的任意猜想。它们可能是方便的，就像用明喻、类比的方式有助于思维和方便理解，但我们没有权利把它们作为自然界中真正发生的任何事情。

我们所知道的只应该是来自于感官直接感受，我们无权对这些结果赋予其他任何的意义。

假设我们和托勒密一样认定“地心说”，地球是宇宙的中心，太阳和所有的星星都围绕着地球运动；或者假设我们和哥白尼一样说，地球相对于整个宇宙而言是一个微不足道的尘埃，每24小时自转一次，每12个月绕太阳公转一次——按照实证主义原则所限定的科学进行考量，两个理论并无分别，都一样正确。它们只是根据对某些外部现象的直观观察，而构建两种不同的思维和表达方式；但是，它们没有比神秘主义者或诗人在面对自然时基于感官印象所做出的精神层面的重构，更具有科学意义。哥白尼的天文学理论确实得到了更广泛的接受。这是因为，这是一种更简单的表述所有感官观察结果的方法，而且它不会像接受托勒密学说那样给天文学定律带来太多困难。因此，哥白尼不应被视为科学领域的先驱者，正如诗人是对每个人内心已有的情感、感受进行了富有想象力和吸引力的表达，而不应被视为先驱者一样。哥白尼什么也没发现。他只是以一种奇思妙想的思维方式表述了大量已知的事实。他并没有给现存的科学知识体系中增加任何有价值的新东西。他的理论引发了一场巨大的思想革命，围绕这场革命展开了激烈的斗争。因为，这个理论对于人类在宇宙中所处位置的逻辑推导结果，与当时欧洲的宗教和哲学所普遍持有的观点是完全不同的。但是，对于实证主义科学家来说，对于哥白尼理论的大惊小怪和混乱麻烦都是毫无意义的。

从自然科学的角度来看，就好像某人要与这位凝视银河系的沉思者争论一样。沉思者凝视着银河系，思考着银河系中的每一颗恒星都是一个有点像我们的太阳，每一个螺旋星云又是另一个银河系，光线经过数百万年才到达我们的地球；而地球本身，以及地球上的人类，都沉入在无边的宇宙中一个几乎看不见的、微不足道的光点上。

顺便提一下，我们必须提醒自己，以这种方式看待自然，就是从美学和伦理的角度看待自然。当然，这些与物理科学没有直接关系。因此，它们被排除在外。但在排除它们的过程中，非实证主义者和实证主义物理学家的态度有着根本的区别。非实证主义者，不持实证主义态度的普通科学家接受和认可审美立场和伦理立场，他们认为这属于看待自然的另一种方式。虽然这种方法不属于物理科学的范畴。另一方面实证主义者根本不承认这个理念是真实有效的，甚至在物理学之外的其他领域也是如此。对他们来说，美丽的日落只是一系列的感官印象。因此，正如我在一开始所说的，只要我们在逻辑上追求实证主义原则，我们就必须从我们的头脑中排除情感、美学或伦理品格等每一种影响。我们必须遵循逻辑。这正是实证主义学说为其所坚持确定性而不可缺少的保证。在此，我要再次提醒读者，我们正在研究的这个系统动机是值得称赞的，是为科学的可靠性提供一个可靠的基础。因此，必须完全客观地讨论整个立场，不带任何争论情绪。

在观察自然的实证主义方式中，感官印象是主要数据，因其意味着直接的现实。由此可以得出这样的结论：理论上说“感官本身受到了欺骗”是错误的。但是在某些情况下，具有欺骗性的并非感官印象本身，而经常是我们从中得出的结论。例如，如果把一根笔直的棍子倾斜地投入水中，我们注意到浸入水中的地方会有明显的“弯曲”，但我们不会被视觉所欺骗，真的以为棍子因此而折弯。在直观视觉上，确实有一个“真实”的弯曲存在，但这与得出“棍子本身是弯曲”的结论是完全不同的。实证主义者不允许我们得出任何结论。我们对木棍在空气中的部分有感觉印象，对它在水里的部分也有感觉印象，而且这两种感官印象是连接在一起的；但是我们无法得出任何有关于木棍本身的结论。实证主义原则最多允许我们说，这根木棍看起来“好像”是弯曲的。如果我们试图以科学方法对整个现象解释说，由于光在密度不同介质中的传播速度不同，空气的密度要比水更低，因此棍子的反射光通过空气和水进入眼睛的光线时，后者有更强烈的光的折射。这种表述方式从许多角度来看都是有效的，但它并不比说“感官直观感知到棍子‘好像’是弯曲的”更接近现实。

这里的要点是，从实证主义的观点来看，这两种表述方式的有效性原则上是没有区别的。通过诉诸触觉——来验证一根木棍在空气中是直的但在水中是“被折弯”的这种明显异常现象——来判断上述两种表述哪种更接近客观实际是没有意义的。由于严格逻辑的实证主义科学，仅仅关注感官直观感受，而把物质客观本身排除在外，因此在实证主义体系中，从两个表述中做出哪个更贴近实际的判断，都是没有意义的①。我们可以说，这根棍子看起来“好像”弯曲了。当然，在实践中，任何全面认真地将这种“好像”理论应用的尝试都会导致荒谬的结论。但在这里，我们并不是用任何这样的理由来验证实证主义理论。我们是根据它成立的基础——即其逻辑自洽、逻辑一致性来思考和推理。它的成败取决于，将实证主义逻辑应用在物理科学上所带来的影响。

我在这里关于棍子所要表达的，同样适用于客观存在的有生命或没有生命的一切。在实证主义看来，树不过是所有感官印象的综合体。我们可以看到它成长。我们能听到它树叶的沙沙声，也能闻到它花朵的芬芳。但是，如果我们把所有这些感官印象都拿走，那么就没有什么东西能与所谓的树本身这个概念相对应了。

适用于对植物，对动物世界同样也适用。我们把这个世界说成是一个特殊而独立的客观存在，但那仅仅是因为它是一种便于思考或交谈的方式。如果踩到虫子，我们可以看到它会蠕动。但是，如果问蠕虫是否因此而遭受痛苦，那就没有意义了。因为一个人只能

① 译者注：因为这两个表述，单独都为真，合并时为假或相互矛盾。

感受到自己的疼痛，他不能以任何确定方式同样感知到动物的疼痛。说‘动物感到疼痛’是我们基于对各种特征的总结归纳后的一种假设，而这些，都是对应于我们在发生类似情况的各种特征。例如，对于蠕虫，我们注意到蠕动或耸耸肩；对于其他动物，我们注意到面部或身体的扭曲。在动物世界里有一些特定的叫声，类似于我们遭受痛苦时发出的声音。这都与我们在相似条件下的情况类似。

当我们从动物世界来到人类世界时，我们发现实证主义科学家明确区分了自己的印象和他人的印象。自己的印象是唯一的真实，它是只属于自己的现实。另一个人的印象对我们来说只能是间接知道的。作为知识的对象，它们意味着与我们自己的印象是完全不同的另一种东西。因此，在谈论它们时，我们只是在遵循与我们谈论动物的痛苦时相同的类比。但是，从严格的实证主义观点来看，我们实际上对其他人的感官感受一无所知。因为它们不是我们自己的直观感知，所以它们不能为我们知识的确定性提供实质上的支撑。

很明显，实证主义的观点不能被指责为逻辑上的不一致性。只要严格遵守它的原则，我们就不会遇到任何矛盾——这是整个系统的优点。但是，当我们把它作为科学研究的唯一基础时，我们将发现其结果对物理科学具有非常重要的意义。如果物理科学的研究范围仅限于对感官经验的描述，那么严格地说，只有一个人自己的经验才能作为这种描述的对象，因为只有自己的感受才是真正意义上的原始数据。现在很清楚的是，即使是最有天赋的人，也不能仅仅基于他个人感受、经验的总和，构建一个全面的科学体系。因此，我们面临着一种选择：要么放弃综合科学的想法，即使是最极端的实证主义者也很难同意这一观点；要么选择妥协，允许并承认他人的经验也作为科学知识的基础。到这里，严肃地说，我们应该因此放弃上述最初的观点——即只有基于个人本人的直观感受等原始资料，才能构成科学真理的可靠基础。其他人的直观感受都是二手材料，它们是我们只能通过报告才能获得的数据。这带来了一个新的因素，即口头或书面的科学报告中信息的可信度。这样，我们至少打破了维系实证主义体系的逻辑链条中的一个环节。因为这个体系的基本原则是，只有基于本人的直接感知，才能作为科学确定性的支撑素材。

然而，让我们暂时忽略这个困境。让我们假设科学研究人员提供的所有报告都是真实可靠的，或者至少我们有绝对可靠的手段来剔除那些不可靠的报告。在这种情况下，很明显，许多科学家提供的报告在过去和今天都应该被认为是真实可靠的，都应该相信其具有科学性。并且如果报告之间出现相互矛盾的情况，没有理由认定其中一方存在谬误而支持另外一方。如果任何一位科研工作者的发现，因没有得到其他人的证实而贬低他们的成果，那将是非常错误的。

如果我们坚持这一观点，那么对于某些个别研究人员来说，就很难解释或证明他的物理科学研究是正确的。让我们举一个例子来说明。

1903 年，法国物理学家布隆德洛[1]发现所谓的“N 射线”[2] 并开展相关研究工作，今天已经被主流科学界完全否定了。布隆德洛是南锡大学的物理教授，他是一位出色而可靠的科研人员。他的发现对他来说，是一次与任何其他物理学家同样伟大的经历。我们不能说他被自己的感官所愚弄了。正如我们所见，在实证主义物理学中，感官知觉中不存在错觉这种东西。将“N 射线”视为主要的现实数据是恰当和正确的，因为这直接来自他本人的个人感知。从隆洛特和他提出这个学说以来，没有人能够成功复制出“N 射线”。即便如此，那也没有理由说——至少从实证主义的角度来看没有理由——“N 射线”在未来绝对不会被发现或被验证。

在实证检验下，我们不得不承认，那些发现了真正对物理科学有价值的研究人员确实非常少。也许我们应该只承认那些专门致力于这门科学的人，因为门外汉在这个领域的发现或多或少是微不足

---

① 译者注：布隆德洛（1849—1930 年），法国南锡（Nancy）大学的物理学教授。

② 译者注：1903 年，布隆德洛发文宣称自己发现了一种新型的射线——后经过科学界的“双盲实验”，无法证明其真实存在，逐渐被主流科学界完全抛弃。N 射线名称的来源：布隆德洛以自己的故乡法国南部小镇南锡（Nancy），将这种新型射线取名为“N 射线”。

道的。此外，我们必须从一开始就排除所有理论物理学家，因为他们的经验基本上仅限于笔墨纸张和抽象推理。因此，我们只剩下实验物理学家了——那些在科研实验第一线的，那些他们自己亲自操作各种灵敏仪器进行科学实验的物理学家。因此，在实证主义假设中，当我们谈到那些献身于物理科学进步的并作出实质性贡献的物理学家时，只有一小部分特别合格的物理学家会被纳入其中。

从这个角度来看，我们如何解释一些看似渺小微小的发现，却给国际科学界带来的突破性进展，例如，奥斯特发现了电流对罗盘指针的影响；或法拉第，他首先发现了电磁感应效应；还是赫兹，赫兹通过放大镜在抛物面反射器的焦点上发现了微小的电火花？这些个人的感官印象是如何以及为什么会引起如此大的轰动，并在科学理论和应用方面引发具有世界性的科技革新？这个问题，主张实证主义者只能迂回作答，而且完全不能令人信服——他们必须依靠于这样一种理论进行解释，即这些人的个体经历、经验本身并不重要，他们仅仅是开辟了一种观点，从而导致其他研究人员发现了一系列更大、更难以想象的成果。

采取这种令人震惊态度的原因很容易理解。上述这些实证主义的人，倾向于否认客观物理科学的概念和必要性，即不依赖于科研学者个人实际经历和直接感知的科研工作。他们之所以持有如此固执的态度，是因为实证主义逻辑上认为，除了物理学家个体的事实经验之外，没有其他任何现实。我认为这显而易见的是，如果自然科学本身接受这一立场，仅仅将本人自身的感知作为其研究的唯一基础，那么他将发现自己试图在一个缺少足够支撑的基础上，构建支持一个结构庞大而复杂的体系。可以这么说，一门以否定客观性为出发点的科学，已经相当于给自己判了“死刑”。仅仅一个人的个人感知对世界有什么价值？然而，归根结底，这正是物理科学在寻找其结构的基础，被简化到穷尽所有非必要条件后的基础。这个基础对于这样庞大的结构来说，太小了，它必须扩展范围才足以支撑。任何科学都不能将其基础建立在单个个体的可靠性上——当我们做出这个论断时，我们就在摆脱实证主义逻辑上，迈出了一大步。我们遵循了常识的召唤。我们因接受了这样一个假设，而一步跨入了形而上学的层次，这个假设是：感官感知本身并没有创造物质世界，而是它们带来了“另一个”世界的信息——这个世界是客观存在的，它不依赖于人类的意志而独立存在。

因此，我们排除了实证主义的所有假设，并把一种比单纯描述直接感觉印象更高层次的现实，归因于前面已经提到的种种实际发现——比如法拉第的发现，等等。一旦我们迈出这一步，我们将把物理科学的目的提升到一个更高的水平。它不仅限于描述实验发现的基本事实，而且旨在不断丰富我们对于外部真实世界的认知。

在这一点上，一个新的认识论难题出现了。实证主义理论的基本原则是，除了通过感官感知的有限范围之外，没有其他知识来源。现在有两个定理共同构成了整个物理科学结构的关键。这两个定理分别是：（1）*有一个真实的外部世界独立于我们的认知而存在*；（2）*真实的外部世界是不可被直接认知的*①。这两种说法在某种程度上是相互矛盾的。这一事实揭示了一种非理性或某种神秘因素的存在，这种因素就像它依附于人类知识的其他分支一样，依附于物理科学。任何科学分支都不可能彻底地发现所有可知的自然现实。这就意味着科学永远无法全面而详尽地解释它必须面对的问题。我们在所有现代科学进步中都看到的情况是，解决一个问题，就会揭开另一个问题的神秘面纱。就好像，我们每到达一个山顶，都会看到更高的一座山峰。我们必须接受这个确凿的、无可辩驳的事实。如果我们试图回到一个从一开始就把科学的范围局限在对感官经验描述的基础上，我们就不能解释这个事实。我们不能试图通过将科学研究范围从一开始就仅仅局限于对个人感官体验的描述，来回避这一事实。科学的目的不止于此。这是为了一个几乎永远无法达到的目标，而进行的无止境的奋斗。因为这个目标本质上是无法达到的。它本质上是形而上学的，因此总是一再超越每一项成就。

---

① 译者注：原文为斜体字，原文：（1）There is a real outer world which exists independently of our act of knowing，and，（2）The real outer world is not directly knowable。

但是，如果物理学永远无法详尽地了解其研究对象，那么这不是将所有科学都归结为无意义的活动了吗？一点也不。因为，正是这种不屈不挠的努力，才会不断有成果涌现出来。这些成果像里程碑一样，标志着我们在正确方向上以及标志着我们越来越接近终点。但这段旅程的终点永远不会到达，因为它是遥不可及的事物，永远在不可企及的远方散发着光芒。使追寻真理的人感到充实并给他带来幸福的，不是对真理的拥有，而是追求真理的过程所带来的成就感。这是早在莱辛[①]说出“对真理的追求比对真理的占有更为可贵”这句至理名言[②]之前，那些富有深刻见解的思想家就已经认识到了这至为关键的一点。

---

① 译者注：戈特霍尔德·埃夫莱姆·莱辛（Gotthold Ephraim Lessing，1729 年 1 月 22 日—1781 年 2 月 15 日），被誉为德国新文学之父；文学家、美学家，是 18 世纪德国启蒙运动的领袖和启蒙主义文学的代表作家；德国民族戏剧的奠基人，他的理论著作对后世德语文学的发展产生了极其重要的影响。

② 译者注：德国学者莱辛有一句名言：“对真理的追求比对真理的占有更为可贵”。

第三章

科学家对物质宇宙的描绘

物理学家的理想目标是正确理解客观外部世界。但他们用来达到这一目标的方法是，物理学中现有的**测量**[①]，而这些测量并无法提供关于外部现实的直接信息。它们只是对物理现象的某种反应的记录或表示。因此，它们不包含任何直接信息，必须通过分析加以解释。正如亥姆霍兹所说，测量仅仅为物理学家提供了一个他们必须解释的符号，就像语言学家解释某些史前资料一样，而这些资料属于一种完全未知的文化。如果语言学家的工作要具有实际意义——他首先要假设，并且必须假设的是——所讨论的文件包含一些合理的信息，这些信息是根据一些语法规则或符号系统陈述的。物理学家必须设定类似的假设——即物理宇宙是由一些可以被理解的规律所支配的，尽管他不能设想自己能够彻底理解这些规律，或者以近似于完全确定的方式发现它们的性质和运行方式。

因此，物理学家认为现实的外部世界是由一套规律所支配的，于是把各种科学概念和定理综合起来，这种综合就叫作物质宇宙的科学图景。只要它尽可能接近研究测量的数据，或与测量数据相一致，那么它就是真实世界本身的一种表达方式。一旦他做到了这一点，研究人员就可以断言而且不必担心事实与之相矛盾，他发现了现实世界的一个侧面，尽管他永远无法从逻辑上证明这个断言的真

① 译者注：原文为斜体字，英语，measurements。

实性。

如果我们考虑到自亚里士多德[①]时代以来，物理学家为描述客观世界所做的一切努力，我认为，我们应该毫不犹豫地对科学研究者的创造性思维在这方面所取得非凡完美的程度，表示无比的钦佩。当然，从实证主义的角度来看，这种构建物理宇宙科学图景的想法——这种对客观现实知识的持续追求——是另类的、毫无意义的想法。因为不存在纯客观的对象，也就是说没有可以描绘或描述的东西。

在物理学家的科学图景中所要寻找的重要特征，是客观世界与主观感知的世界之间尽可能的一致。感官直观获取到的是物理学家必须研究的第一材料。而这种原材料必须经历的第一道工序是筛选和提炼。从所有复杂的感官数据中，必须剔除掉所有可能具有主观倾向性的东西。此外，必须消除一切由于特殊情况或偶然因素所产生的情况。在后一种情况下，必须注意的是，测量仪器可能会影响观测所得到的结果。在微观实验观测中，更可能出现这种情况。

假设上述所有条件都得以充分满足，那么物理学家的客观宇宙科学图景还需要满足另一个要求。即在它的整个构建过程中，它必

---

① 译者注：亚里士多德（公元前 384 年—前 322 年），古希腊哲学家，开创许多有关物理学本质的理论。

须保证逻辑上的一致性和连贯性。由于研究人员几乎是绝对自由的，他可以发挥主观，让想象力得以任意驰骋、自由发挥。这自然意味着，他在构建他自己的思维结构中具有极大的自由度。但必须记住，这种想象力的自由只能是为了一个特定的目的。这绝不应是一种任意的幻想。

由于物理学家工作性质的原因，他们必须在迈出第一步时就运用自己的想象力。因为，他们工作的第一阶段就是取得一系列实验测量的结果，并设法依据一条定律解释这些结果。也就是说，他必须通过想象构建的假设模型，并根据这个学术假说而进行选择匹配。当他发现测量给定的结果不符合一个假设模型时，他就会放弃这个模型转而尝试另一个。这就意味着，他的想象力总是推测通过实验测量所得数据的意义。他就像一个数学家面对必须用曲线连接在一起的许多散点。这些点越靠近，数量越多，呈现在我们脑海中可相互替代的曲线也就越多。在跟踪一个敏感的测量记录仪时，我们实际上遇到了几乎相同的任务，设计这种仪器的目的是只标记一条独立且确定的曲线，例如温度曲线。然而我们发现，这条曲线从来没有清晰的边界，而是一条或宽或窄的带状区域，其中会包含无数条细微的曲线。

至于如何在这种不确定的情况下作出决定，目前无法制定出一个具有普适性的程序规则。必须简单地选择一条明确的思路。

这条思路应该指向这个方向：在一系列反复推敲的思维组合的基础上提出一个假设；根据这个假设绘制出这条曲线，我们要在无数条相近似的曲线的干扰下，发现我们真正要寻求的那条目标曲线，并将其非常清晰、完整地绘制出来。换言之，我们在面对一幅多样化的光谱图像时，试图寻找出造成该图像如此复杂多样的一种因素，我们必须设想出许多假设原因，并逐一核查比对它们，直到我们发现符合光谱图上所有特征和变化的因素。能够激发这些不同选择的思路，其根源完全不在逻辑推理范畴之内。为了阐明这种假设，物理学家必须具备两个特征：必须具备其他工作领域的丰富理论知识和实践经验；还必须具有创造性的想象力。这意味着，首先，他必须熟悉当前实际使用的测量方法之外的其他所有测量方法。其次，他必须掌握将两种不同测量方法得到的结果，统一在一个假设下的技巧。

每一个产生结果的假设都有它的起源，在某种幸运的情况下，其结果也应该以两种不同的观察方式呈现出来。我们在那些历史上导致了划时代发现的著名案例中，都清楚地看到了这一普遍事实。

当阿基米德注意到在水中他的体重有所降低时，他把这一事实，与其他物体在水中的重量减少联系起来，因此他发现了一种测定各种金属比重的方法。这个想法是某天他在洗澡的时候突然想到的——当时他正在因为皇冠一直被怀疑含有银合金，而思考如何分析锡拉丘兹国王的王冠①是否为纯金打造的。他根据自己在浴缸中体重降低的经验，突然意识到同等重量的皇冠，含有银合金的会比纯金打造的体积更大，可以通过将皇冠与同等重量的金和银分别放在一个盛满水的容器中，通过测量溢出水的差值来检测。牛顿注意到苹果从他家果园里的树上落下，他把这一观察结果与月球相对于地球的运动联系起来。爱因斯坦在静止的盒子里观察一个受重力作用的物体的状态，并将其与一个受到向上加速度作用的盒子里失重的物体状态进行对比思考。尼尔斯·波尔将电子围绕原子核的轨道旋转与行星围绕太阳的运动联系起来。所有这些组合都产生了著名的成果。如果能尽可能多地找出那些已经在物理学研究中被证明具有关键影响的假说，然后试图发现这些假说的起源各自所依赖的思想组合，那将是一个有趣的思维练习。但这将是一项艰巨的任务，因为一般说来，有创造力的大师们对在公众面前公布自己思想的做法感到厌恶，由于他们富有成效的创造性假设是由很多微妙的思维汇聚而成，而且还有更多其他隐形的线索是无法编制在最终模型之中的。

假设一旦被提出，其正确性只能通过遵循其应用产生的逻辑结果来检验。这必须以纯逻辑——主要是数学的方式来完成。以这个

① 译者注：公元前 287 年，阿基米德出生于西西里岛（Sicilia）的叙拉古（Syracuse）（今意大利锡拉库萨）。他出身于贵族，与叙拉古的赫农王有亲戚关系。

假设作为起点，并从中发展出尽可能完整的理论体系。一旦理论体系因此得到充分发展，就需要科学实验的测量结果进行验证。根据理论计算值与实际测量值的吻合情况，来判断初始假设是否正确。

这就是物理学家所实际采用的程序方法。我们立刻就能理解，物理学的发展并不是沿着一条有规律可循的曲线而发展的，这可能标志着我们在获取现实世界的知识时，是经历了一个不断增加深度和精确度的过程。科学进步的进程是曲折的；事实上，我可以说，前进是一种爆发式的，随之而来的倒退正是前进的重要标志。每一个在物理学中开辟出一个新领域的学术假设，就相当于在黑暗中的探索前行。因为我们无法在一开始，就把假想提炼成一个逻辑陈述。紧接着就是一种新理论诞生的斗争。一旦它看到了曙光，它就必须不顾一切地前进，直到与科学测量的数据结果相互印证，才标志着这个假设的成功。如果这个假设一旦经受住了这一考验验证，那么它的声望和接受度就会提高，进而由它推导而出的理论也会越来越全面发展起来。

另一方面，如果实验测量不能支持甚至否定了这些假设的正确性，那么包括恐惧、担忧甚至夭折等情绪就会接踵而至。但这些都是旧理论观念的瓦解破裂和新假说诞生的迹象。新假说的主要任务是推动解决产生它的危机，并建立一种新的理论，保留旧理论中正确东西的同时，来纠正或抛弃错误的。因此，在接连不断的变化和相互作用中，在其探索发现真正的客观宇宙的方向上，物理科学的发展时而踌躇蹒跚，时而跨越前行，不断朝着发现真正的客观世界的方向前进。

在整个物理科学的历史发展进程中，这是一个经常反复出现的特征。以洛伦兹电动力学理论为例。众所周知的是，因研究测量的实证结果，而引发的理论与实际之间的冲突和矛盾。在这种情况下，只有一步步紧跟着洛伦兹理论踏过所有研发坎坷之路的人，才能正确评价相对论刚建立时所带来的宽慰。在量子理论的历史上也曾遇到过几乎完全相似的经历，但在后一种情况下，危机尚未真正完全过去。

前面说过，在任何假设的陈述中，提出者从一开始就拥有自由的权利。只要没有逻辑上的矛盾，他就可以充分自由地选择概念和定理，用于构建他的学术假说。正如物理学家们常说的——在阐述一个假设时，探索者必须只能彻底严格地从那些由研究测量结果明确提供的原始数据中提取素材——这是不正确的。这就意味着，形成假设性概念必须严格独立于所有的理论来源。事实并非如此。因为，一方面，作为物理学家提出的外部宇宙图景中的一个因素——每一个假设，都是人类头脑自由猜想的产物；另一方面，没有任何物理公式是研究测量的直接结果。情况恰恰相反。每一项测量首先是通过研究赋予它的理论意义，而获得了它对物理学的意义。任何熟悉精密实验的人都会同意，即使是最精细、最直接的测量方法——

如重量和电流——在应用于任何实际用途之前，也必须一次又一次反复修正。很明显，这些修正不能是由测量过程本身提出的。它们必须首先通过某种理论或其他理论对现实情况的启示来发现，也就是说，它们必须来自一个假设。

整个事件的真相是，一个假说的发明者，可以在无限的范围内作出选择，选择任何他认为有助于其最终目标的方法。他既不会被自己生理感官特征之一创造性的想象所影响；也不受物理测量工具的限制。他以灵魂之光洞察和监督最微妙的过程，这些将物质宇宙模型呈现在他面前的过程。他跟踪每一个电子的运动，观察每一个波的频率和形式，甚至他在前进的过程中发明了自己的几何学。因此，通过他的思维，这些理想的精密工具，在他面前发生的每一个物理过程中，他都扮演了个人的角色。所有这些，都是为了通过这些困难的思维实验——这是每个研究过程的一个因素——最终建立起具有广泛应用价值的结论。当然，所有这些结论在发表之初，都与真正的实际测量结果毫无关系。因此，根据这样的测量，一个假说永远不能被判定为真或假。关于它，我们所能问的只是它在多大程度上达到或没达到某个具体目标。

我们现在来看另一个侧面。他心灵之眼的这种超乎寻常的观察力，能够洞察各种物理过程的背后本质，这些都发生在这样一个情况下：那就是物理世界的本质完全都是观察者自己的思想所塑造的、设想的。只要这个假想的世界是他的想象构造而成的，他作为“造物者”就对这个“假想世界”无所不知，对它有绝对的支配权，并能以他希望的方式去塑造它；因为就客观现实而言，它还没有任何价值。它的第一个价值来自这样一个时刻：这个假设的理论系统与研究测量得到的实际结果进行验证比对。

一个简单的物理测量过程告诉我们，我们对物理宇宙的已知范围，和对客观现实本身的描述一样少。事实上，研究测量的过程更确切地说，是代表和延伸了研究人员感官所发生的事情，与他正在使用的仪器中发生的一切有关。就其外在实相而言，关于这种关系我们可以肯定地说，它们之间存在着某种联系或其他关系。测量本身并不能即刻给出其结果本身的意义。正如科学探索者的任务是进行实际的物理测量一样，试图建立上述联系的意义也是科学的任务。后一项任务，只能通过研究者的思辨思维来完成。

通过量子理论的发展，理论物理学领域出现了认识论上的困难，这似乎是由于，测量物理学家的肉眼被等同于理论物理学家的心灵之眼而造成的。事实上，作为自然物理研究的一部分，眼睛是科学探索的方法，而不是主体。因为研究测量的每一个行为都或多或少的，对正在观察的过程产生因果影响，实际上不可能让我们将实验事件背后所发现的规律，与得到这个结论的实验方法彻底区分开来。

诚然，当一组自然现象存在问题时，例如一组原子放在一起，测量方法或许不太可能影响所观察到的事件的进程。正因为这个原因，在物理科学的早期阶段，也就是现在被称为“经典物理学”的阶段，有这样一种观点占了主导地位：即实际测量可以直接观察自然界的客观现实。但是，正如我们已经看到的那样，在这个假设中，存在一个与实证主义错误完全相反的根本性错误，即只关注实验测量给出的结果，而完全忽略了自然过程的内在现实。然而，虽然我们一方面承认这是一个错误，另一方面我们也必须认识到，如果我们要放弃实验测量，我们就完全无法接触到真实发生的事情本身。但是，当我们面对不可分割的量子时，数学精度就达到了极限，即使最精细的物理测量也无法超出这个极限，对于更微观的粒子运动过程等类似的问题给出令人满意的答案。其结果是，这些无穷小的过程对纯物理研究不再有意义。在这里，我们到了必须通过哲学思辨来处理这些问题的地步。正是以这种抽象的方式，在我们试图完成物理学宇宙图景时，必须将它们考虑在内，从而使我们能够更接近于发现外部现实本身。

回顾物理科学迄今为止的发展道路，我们必须承认，科学每一步的进展都主要取决于，我们测量方法的发展和更广泛的应用。截至目前，我与实证主义观点是一致的。但我们之间的区别是，实证主义认为，通过直观感知的研究测量是物理科学发展过程的全部，甚至是终极目标。而我认为的是，对物理现实研究的测量结果，应该被看作是一个或多或少包含复杂性的综合体，是对外部世界发生的事件的各种反应的一种记录①；其记录的准确性，相对取决于测量仪器本身，以及研究人员参与实验测量的感官中所发生的事情。对上面这份主客观因素都很复杂的报告进行充分的分析和修正是科学研究的主要职能之一。因此，从实验测量给出的众多结果中，我们必须选择那些对我们的研究对象有实际影响的结果。因为在物理宇宙中发现特定现实的每一次尝试，都代表了我们向自然界提出的某个特定问题的一种特殊形式。

只有你有一个合理的理论作支撑，你才能提出一个合理的问题。换句话说，一个人的头脑中必须有某种理论假设，并且必须对其进行研究测量验证。这就是为什么经常发生，某一具体的研究路径，在一种理论上有意义，但在另一种理论上却没有意义。同样的，一个问题的意义，在其所依据的理论已经发生变化时，往往也随之改变。

让我们以一些普通金属（如水银）转化为黄金为例。对于那些生活在炼金术士时代的人来说，这个问题具有非常重要的意义，无数的炼金术士为了解决这个问题，他们穷尽所有能想到的方法手段

---

① 译者注：测量不是外部世界真实发生的过程，而是对过程的某种映射反应——如看见苹果，不是“看见”了苹果本身，而是眼睛接收到了苹果反射出来的光。

和毕生的努力。当原子不变性理论成立时，这个问题失去了他所有意义，并被视为愚蠢蒙昧的念头。但现在，自从玻尔提出他的理论，即金原子与水银原子的不同之处仅在于相差一个电子时，这个问题又一次变得如此重要，以至于正在使用最现代的研究方法对其进行新的研究。在这里，人们再次看到了古老格言的真理，即经验是科学研究的探路者。只要能够巧妙地解决，即使是最无用的经验，也可能为最重要的发现开辟一条道路。

正是这样，那些或多或少毫无价值的“炼金术”的尝试，为化学科学开辟了道路。同样，对“永动机”的尝试，也最终产生了能量守恒原理。为了测量地球的运动，人们进行了一系列徒劳的尝试，最终为提出相对论创造了的条件。科学中的实验和理论冒险总是相互依存的，缺少其中一个，另一个也会止步不前。

经常发生的情况是，当科学理论的一个新进展确立，与之相关的某些问题就会被认为是毫无意义的。不仅如此，有时还试图证明这些问题在**先验**[①]方面也毫无意义。这是一种错觉。就其本身而言，地球的绝对运动——即地球相对于光以太的运动，或是牛顿绝对空间，都不是像相对论的倡导者经常宣称的那样毫无意义。前一个问

---

① 译者注：原文为拉丁语，斜体字，先验，a priori grounds 哲学名词，意思在直接经验之前既有的。

题只有引入狭义相对论才有意义，后一个问题只有引入广义相对论才有意义。

因此，当我们回顾过去的几个世纪，会发现，那些在当时被认为是合理地、出色地解释了自然现象的学说，在面对一些新的科学理论时，就会黯然失色。他们服务于他们所在的那个时代，然后就黯然退场了。尽管继之以更科学开明的新理论，但我们必须记住，那些旧理论对往日时代是有意义的，就像当代理论对我们这个时代一样有意义。直到有一天，新的理论将出现并取而代之。

因果律直到近代才被一致接受为科学研究的基本原则。但现在，围绕它展开了一场舆论之争。因果关系原则是否如当前所相信的那样，对每一个物理事件都适用吗？或者，当应用于更精细的原子级微观时，它只是一个概括性和统计性的意义？这个问题不能通过参考任何认识论理论，或通过实验测量的检验来决定。物理学家在试图按照他的偏好建立他对外部宇宙的假设图景时，他可能会也可能不会，将他的整个学术假说建立在严格因果关系原则之上，或者他可能只采用统计意义的因果关系。重要的问题是，他遵循其中某个原则后能走多远。这只能暂时通过在两种立场中选择其一，并研究可以从遵循该原则的逻辑上推演的结论来回答，就像我们在处理实证主义时所做的那样。

原则上，两种立场中，先选择哪一种并不重要。在实践中，人们自然会选择其逻辑结果更令人满意的。在这里，我必须明确地宣布我自己的信念，仅仅是因为“受动力学法则支配的宇宙”的概念，比单纯的统计概念，具有更广泛和更深层次的应用，严格的动态因果关系就应是首选的假设。统计思想从开始就限制了可发现的范围：因为在统计物理学中，统计定律是涉及大量事件群的定律。在明确地声明和识别为个体事件、个体运动时，仅仅根据先验理由所规定的顺序问题被宣布为毫无意义。在我看来，这种程序方式令人非常不满意。到目前为止，无论是试图发现我们周围物质的本质，或精神力量的本质，我还没有找到任何理由迫使我们放弃一个“严格受法则约束的宇宙”的假设。

显而易见的是，仅从一系列实验中是无法推断出严格的因果关系的。在这些相继发生的成功实验之间，我们只能建立一种统计关系。因为，即使是灵敏度最高的仪器测量也会出现意外，总会有一些错误是人类永远无法避免的，甚至是无法识别的。

如我们所见，实验观察是由若干不同元素构成的复杂结果。而且即使每一个元素都是一个特定元素的直接因果关系的结果，但我们也不能在实验中，将所谓的“原始元素”认定为是在遵循严格的因果关系且不受其他元素影响的。因为每种元素因素的排列组合顺序，可能会产生不同的结果。

这里就出现了一个问题，它似乎给严格的因果关系原则设定了一个明确的、不可逾越的界限，至少在精神领域如此。这是人类最迫切关心的问题，这是密切关系到人类的根本命题，我想在结束之前，我最好先在这里讨论一下。这就是人类意识自由的问题。我们自己的意识告诉我们“我们的意识是自由的”，而意识直接给我们的这个信息，是我们理解能力的最后一次也是最高的运用。

让我们试问一下，人的意志是自由的，还是由严格的因果关系所决定的。这两种选择看起来肯定相互排斥。由于前者必然会得到肯定的回答，因此，至少在这个例子中“在宇宙运行中遵循严格因果律的假设”似乎是荒谬的。换句话说，如果我们假设整个宇宙都严格遵循因果关系法则，那么，我们如何在逻辑上将人类意志排除在其运作之外？

为解决这一困境，人们进行了许多尝试。在大多数情况下，他们给自己设定的目标是建立一个明确的界限，一旦超出这个界限，因果律就不适用。物理科学的最新发展在这里得到了体现，“人的意志是自由的”理念的提出，似乎为确定“统计因果律仅在物理世界中有效”这一观点提供逻辑依据。正如我在其他场合已经指出的那样，我完全不同意这种观点。因为，如果我们接受了它，那么合乎逻辑的结果就是，把人类的意志简化为一个只会受到盲目偶然影响的器官。在我看来，人类意志的问题是完全独立的问题，与因果律物理学和统计物理学之间的对立毫无关系。它的重要性更为深刻，完全独立于任何物理或生物学假设。

我与许多著名哲学家一样，倾向于认为，这个问题的解决方案存在于完全不同的另一个领域。仔细研究一下，上面提到的选择——人的意志是自由的还是受到严格的因果律所决定的？——是基于一个不可接受的逻辑上的割裂。这两种对立的情况并非是相互排斥的。如果我们说人类的意志是由因果决定的，这意味着什么呢？它只能有一种意义，即意志的每一个行为，以及它的所有动机，都可以被预见和预测。当然，只有真正了解这个被分析对象的人才能预见和预测——了解这个人所有的精神和身体特征，并且直接和清晰地掌握他的意识和潜意识活动。但这意味着，这样的人将具有洞察一切的透视精神的能力。换句话说，他将被赋予神一样非凡的洞察力。

现在，神明眼中人人平等。即使如歌德或莫扎特等最具天赋的天才，也只是一个平凡的普通人，他们内心深处的思想和最细腻的感情就像一条珍珠链，在他眼前有序地展开。这并不贬低伟人的伟大。但是，如果我们在研究基础上，妄图把像神明之眼洞察一切的能力、把像神灵清晰的理解能力强加给自己，那才是一种愚蠢的亵渎。

常人的智慧无法参透、理解思想的深邃。当我们说“精神领域的事情是注定的”时，这种说法就回避了证明的可能性。正如“存在着一个真实的外部世界”的说法一样，它具有形而上学的性质。

但是，精神事件是注定的这一说法在逻辑上是无懈可击的，它在我们对知识的追求中起着非常重要的作用，因为它构成了理解精神事件之间联系的每一次尝试的基础。任何一位传记作家，宁愿将他自己的无能归因于缺乏原始资料，或他承认自己无法洞察主人公产生这些动机的内心深处，但也绝不会试图把主人公的英雄行为归结为来自于纯粹偶然的动机。在实际的日常生活中，我们对待同伴的态度是基于这样一种假设，即他们的言语和行为是由不同的原因决定的，这些原因或存在于他们的自身本性，或来自于他们所处的环境，但我们仍然几乎无法确切发现这些原因的真正根源。

当我们说“人的意志是自由的”时，我们真正的意思是什么？当涉及需要作出决定的问题时，我们总是有机会在两种选择之间进行选择。而且这一说法与我已经说过的并不矛盾。只有当一个人能够像神明看穿他一样，彻底地看透他自己，这才是矛盾的。因为那时，在因果律的基础上，他将能预见到他自己意志的每一个行动，因此他的意志将不再是自由的。但这种情况在逻辑上是完全不可能的。因为，就像一个设备不能加工它自己一样，即使最敏锐的眼睛也不能看到他自己。认知行为的客体对象和主体永远不可能是同一个。因为，只有当被认识的对象不受发起或执行认识行为的主体影响时，我们才能谈论认识行为。因此，如果你将因果律应用于你自己的意志行为，那么关于因果律是否适用于这种情况或那种情况的问题本身就是没有意义的，就像有人问“他是否可以超越他自己的影子”一样。

原则上，每个人都可以根据自己的智力水平，将因果律应用于他周围的事件，无论是在精神秩序中还是在物质秩序中；但只有当他确信他的应用方式或因果律的行为不会影响事件本身时，他才能这么去做。因此，他不能将因果律应用于他自己的意志行为或他自己未来的思想。对于人个体而言，这些是仅有的不受因果律影响的两个对象。因为，根据因果律，他能够判断因果律本身对这两个对象的影响。这些是他最珍贵和最个性化的财富。他一生的安宁和幸福，都取决于他对它们明智的管理。因果律不能为他规定任何行为准则，也不能解除他对自己行为的道德责任；因为对道德责任的判断，来自于另一条与因果律无关的规则。他自己的良心就是道德责任的法庭，在那里，只要他愿意用心倾听，他就会经常听到良心的激励或责罚。

如果一个人试图以声称人类行为是不可抗拒的自然法则的必然结果，来摆脱令人不快的道德义务，那就是一种危险的自欺欺人的行为。如果一个将自己的未来视为已经由命运决定的人，或者一个国家相信预言说，它的衰落是自然法则不可阻挡，那么他只是承认了自己缺乏奋斗精神和必胜的意志。

因此，我们到达了一个临界点，科学承认它可能无法超越的边界，同时它指向边界之外的更广阔的区域。当科学谈到已经被证明过的科学成果，科学也因此宣布了它自己的极限边界，这一事实使我们对它所传递的信息更加坚定。另一方面，也绝不能忘记，人类精神活动的不同领域永远不能完全彼此孤立、相互割裂，因为它们之间有着深刻而紧密的联系。

我们从一门特殊科学领域开始，讨论了一系列纯物理学的问题。但是，这些却已经把我们从单纯的感官世界引向了真正的形而上学世界。这个世界以永远不能被直接认知的形态呈现在我们面前。这是一片神秘的土地。这是一个我们人类思维无法理解其本质的世界，但当我们努力去理解它时，我们可以感受到它的和谐与美丽。在这个形而上学世界的门槛上，我们面临着所有问题中最高的问题，那就是人类意志的自由。每个认真思考这一生的意义是什么的人，都必须自己思考这个问题。

第四章

因果关系与自由意志：问题说明

这是人类最古老的谜题之一。在整个宇宙秩序都受制于严格的自然法则的前提下，人类意志的独立性如何与我们人类是宇宙不可分割的一部分这一事实相协调？

乍一看，人类存在的这两个方面在逻辑上似乎是不可调和的。一方面，我们知道这样一个事实：自然现象总是按照严格的因果关系顺序发生的。这是所有科学研究的一个不可或缺的假设，不仅是在那些涉及自然物理方面的科学中，而且在研究心理的科学（如心理学）中也是如此。此外，假设所有事件都有一个始终如一、不可改变的因果顺序，这是我们日常生活行为规范的基础。但是，另一方面，我们有我们最直接和最紧密的知识来源——那就是人类的意识，它告诉我们，我们的思想和意志最终不受这种因果秩序的支配。来自于意识的内在声音向我们保证，在任何特定的时刻，我们都有能力做出这样或那样的选择。由此推论，人类通常要为自己的行为负责。人的伦理尊严正是基于这一前提假设。

我们如何调和尊严与因果律之间的关系？我们每个人都是我们这个世界不可分割的一部分。如果宇宙中的其他所有事件都是因果链中的一个环节，我们称之为自然秩序，那么人类意志怎么能被视为独立于自然秩序之外呢？因果关系原则要么普遍适用，要么不适用。如果不是这样，两者间的边界应该在哪里，为什么宇宙中的一部分要服从一条本质上具有普适性的规则，而另一部分则不受该规律的约束？

在世界各大文明中，最深刻的思想家都已经讨论了这个问题，并提出了无数的解决方案，我无意在这里刻意添加。我把这个问题与我所从事的科学联系起来的原因是，这个争论现在已经进入了自然科学领域。关于因果关系原则不适用于物理科学中某些类型研究的提议，已经得到了广泛的讨论，而且由来已久的争论现在进行得比以往任何时候都更加激烈。

即便我们知道，从自由意志与因果关系问题本身的性质来看，不可能有一种完全彻底的终极解决方案。但是，自从人类第一次开始对自己在宇宙中的位置进行推理至今，我们可以有理由认为，有关于这个问题的解决方案，现在比以往任何时候都更接近理想中的状态。在争论的这个阶段，我们应该可以合理地期望，争论者至少会在所讨论问题的基本性质上达成一致。但事实恰恰相反，所有关于基本面的争论反而加剧了理念上的混乱。如今争论的已经不仅仅是问题本身，甚至它所涉及的最基本的概念也被称为问题——诸如，因果关系概念本身的意义；以及关于对象的认识论问题，哪些对象应该被认为是在人类知识的正常范围以内，可直接感知的物体和不可被直接感知的物体之间的区别；以及诸多其他类似的问题。

这场争论主要分为两个学派。一个学派主要从知识进步的角度思考这个问题，认为严格的因果关系原则是科学研究中不可或缺的假设，甚至包括心理活动领域。基于这种角度的一个合乎逻辑的结果是，他们宣称，我们不能将任何形式的人类活动排除在因果律之外。另一个学派，则更为关注人的行为和人的尊严感，他们认为，如果全人类乃至包括那些智力和道德均处于最高层次的人群，都被认为只是在因果关系的铁律下的没有生命的自动机器，那将是一种无可辩驳的堕落。对于这一学派的思想家来说，意志自由是人的最高属性。因此，他们说，我们必须坚持因果律不适用于在具有更高层次灵魂的生命，或者至少它不适用于人类更高层次的有意识的心理活动。

在这两个流派之间，有很多思想家不属于任何一个极端。他们认为双方在某种意义上都是对的。他们不会否认其中一个立场的逻辑有效性，也不会否认另一个立场的人文伦理有效性。他们认识到，因果关系原则，在心理学中作为科学研究的基础，如今远远超过了其应用在客观自然科学领域，并产生了显著的成果。因此，尽管他们不会否认精神领域的因果律的有效性，但是他们依然希望在这一领域中设立一道屏障，以捍卫人类意志的自由。

在这些不属于任何一个极端的人中，也许我还应该提到那些反对因果律普遍适用于物理科学中的科学家。他们认为这不适用于量子物理学研究的自然现象。但持有这一观点的大多数科学家并不质疑这一原则本身的普遍有效性。在这里必须提到的是，尽管它没有形成任何学术流派，但它表明了一种趋势。由于这种倾向已被通俗主义者所利用，他们宣称“自然界的活动是自发的”[①] ——即使只是为了保持严肃科学与严肃思考的公众之间的清晰准确的交流沟通，那也应该对它有所思辨和讨论。

至于一般性的争论本身，如果它不影响我们对物理科学的研究方法，物理学家就不必过于关心这个问题。但是现在的争议严重影响到了科学的根本性研究方法。如果因果关系的基础不成立，那么基于这个基础所得出的结论，怎么能被认为是可靠的呢？因此，这场争论影响到了自然科学所赖以是否成立的基础的可靠性的基本假设。这就是为什么我在这里以一个物理学家的身份来讨论这个问题的原因，希望我所说的，有助于澄清我所从事的科学分支声称其可靠性的依据。

让我们先从总体上来思考这个问题。**“因果律”**[②] 这个概念的意义是什么？在日常生活中，就像我们熟知许多日常事务一样，熟悉“原因”这个概念。我们想象中这个概念是世界上最容易解释的东西。常识和日常经验告诉我们，一切事物或事件，都是另外一些事

---

① 译者注：原文 spontaneity in the inner workings of nature，意为：自然界的活动是自发的，是指：自然规律是完全客观的、自发运动、具有盲目性。如无论有没有人类，苹果都会自由落体砸向地面，不受主体选择的影响。

② 译者注：原文为英语，斜体字。

物或事件的产物。我们说眼前发生的事情，是另一个事情的结果，我们将“另一个事情”称之为原因，同时意识到可能有几个原因都能导致一个相同的结果。另一方面，我们认识到当前结果本身可能是后续事件的原因。

当我们面对一件事，而这件事又不可能是由任何一个原因或一系列原因所引起的，同时又超出了我们所熟悉的所有原因范围时，会发生什么呢？对于人类的思想来说，每一个事件、每一个实例都必须有一个与之相对应的原因，这是完全确定和必要的吗？这个想法是否会包含一个逻辑上的矛盾，即在某种特定的情况下，事件完全是自己发生的，与任何其他事件都没有因果关系？当然答案是否定的。因为很容易认为一个事件没有任何能解释的原因。在这种情况下，我们称之为奇迹、仙境或魔法。一个简单的事实是，在一些文学作品，它们的场景都设置在仙境之中，这本身就证明了严格因果关系的概念并不是人类思想的内在必然需要。事实上，人类的思维很容易将世界上的一切都看成是乱七八糟的。我们可以对自己说，为了改变，明天太阳可能会从东方升起①。我们也可以对自己说，可能会有违反了所有已知自然规律的大自然奇迹发生。例如，我们

① 译者注：原文为：We can say to ourselves that tomorrow the sun may rise in the east，for a change，结合上文或为笔误，为了改变，明天太阳从西方升起。

可以把尼亚加拉大瀑布想象成是由下向上逆流的，尽管这在现实世界中是不可能的。我可以想象我正在写作的房间的门自己开了；我可以想象历史人物进入房间，站在我的书桌旁。在现实世界中，谈论这样的事件可能是毫无意义的，我们可以称它们是不可能的，至少在我们的日常推理方式中是这样的。但是，我们必须把这种不可能与逻辑上的不可能区分开来，比如“一个图形既是方的，又是圆的”或“部分大于其整体”，因为它们包含着逻辑上的矛盾，所以无论我们怎样努力去想象，我们都不能想出它们的样子。我们可以想到一个部分，也可以想到它所属的整体但我们不能想象“部分大于整体”。这种“不可能”是人类思想固有的，然而在因果关系范围之外的某些概念，其在逻辑上是连贯一致的。

因此，从一开始，我们就清楚一个非常重要的事实，即因果律对于现实世界的有效性是一个不能根据抽象推理来决定的问题。但现实是，无论如何，人类思想所能触及的只是异常广阔的领域中，一个非常狭窄而又特殊的部分。这是个事实，尽管我们的想象力总是从一些真实的经验中得到启示。虽然，直接经验是我们所有思想的起点，但我们拥有可以超越现实的想象力。假若没有这种想象力，我们就不会有诗歌、音乐和艺术。这是人类所能拥有的最高和最珍贵的礼物之一，每当日常生活沉重地压在我们身上，在我们即将无法忍受时，这种超现实的想象力，或将能使我们在思想中进入一个充满光明和美好的理想世界。

在某种程度上，艺术的创作与科学的创新是非常相似的，即使对于最严格意义的科学研究来说，如果没有富有创造性的想象力，就永远无法前进。一个人，如果不能偶尔想象出与他所知道的因果规律截然相反的事件或存在条件，他的科学研究就永远不会因增加了新的思想而得到拓展。而这种超越因果范围的想象力，不仅是构建科学假设的先决条件，而且也是对科学研究结果进行合理圆满解释的先决条件。正是充满创造性的想象力提出了某个假设，然后以实验研究检验这一假设。实验得出的结果必须综合所有已知理论加以合理圆满的解释，从而形成理论基础，以期发现所研究现象背后的自然规律。这项工作将再次激发想象力，得以进行进一步的实验，为由此构建的假说进行最后的关键性检验验证。

为了说明科学思维在寻求建立其结论时，就必须想象出存在于因果关系范围之外的其他事件，让我们以自然科学中的一个简单例子为例。让我们设想从某个遥远的恒星射向我们的一束光，或者我们可以把它想象成来自更近的来源，比如电灯。让我们把它设想成为，在传输过程中要通过许多不同性质和不同密度的透明介质，如空气、玻璃、水等，才最终到达眼睛。光线从其发射点到达观察者的眼睛，会选择什么路线？一般来说，这不会是一条直线，因为当光通过一种又一种介质时，它会从入射的方向发生折射。我们都很熟悉这种现象，比如把一根木棍放到水中，眼睛接收到棍子反射的光线是在水中折射的。由此推论，从远处光源射向眼睛的光线，将在其通过的每个不同的透明介质中折射。因此，根据介质的数量和密度的变化，它的传播路线将是由多个折线组成的。即使在大气中，光线传播的“直线”也不是笔直的，因为大气不同的高度有不同的密度，因而其也具有不同的折射。

现在，我们能以公式来说明我们想象的光线所遵循的实际路线吗？答案非常明确，我们可以。这包含在一个名为“光的最短时间原则”的伟大公理①中。根据这个公理，在考虑到光通过不同介质的速度必然不同的基础上，从遥远光源发出的一束光，总是可以从众多可供选择的路径中，选择传播到观察者眼中用时最少的路径。这是一个在科学研究中非常有用的公理。我们可以想象光可能有的其他传播路径，但是这毫无意义，因为事实上它并不会沿着这些路径传播，因此它们是不可能的，也就是说光实际上不可能通过其他路径传播。我们所能想象的所有替代路径，都只可能在大脑想象中实现，它们在自然界的现实中是不可能的。似乎光具有一定的智慧，并根据其自身性质的需要，它以“最短的时间完成其任务”这一值

① 译者注：费马原理（Fermat's principle），又名“最短时间原理”：光线传播的路径是用时最少的路径。

得称赞的原则来行事。因此，它没有机会磨磨蹭蹭尝试其他方法，因为它必须立即选择最快的传播路径。

在自然科学中还有其他类似的例子，例如，不遵循动力学定律的虚拟运动。但所有这些异想天开，在建构科学理论中发挥着极其重要的作用。在进行研究和构建理论时，它们是非常重要的思维工具。因此，它们当然不涉及思考规律本身的任何矛盾。

一旦我们明确因果律不是人类思维过程中的一个必要因素，相当于，我们就在思维上明确了它在现实世界中的有效性问题。首先，让我们问一下因果关系这个术语是什么意思？我们可以说它是指在时间上相互影响的规律性相互关系。但我们可以马上问，这种关系是建立在事物本身的性质上，还是完全或部分是想象力的产物？也许人类最初设定因果关系的概念是为了满足实际生活的需要，但后来发现，如果人们把自己局限在一种完全基于这一原则的观念中，那么生活将会变得难以忍受？我们不必耽搁时间在这里讨论这些哲学方面问题。我们目前更重要的问题是，是否必须把事件之间的因果关系链，看作是绝对完整的和始终不中断的；或者，世界上是否存在不是因果关系链中某个环节的事件？

让我们先看看这个问题能否用“演绎推理法”来解决。事实上，人类思想史上一些最著名的哲学家，已经基于纯粹抽象理论方法，提出了解决因果问题的哲学思辨。他们首先立足于“无中不能生有”[①] 公理，也就是说，世界上没有任何事件能够对其自身的存在作出充分的解释。从这个观点出发的哲学家们，通常被称为“理性主义学派”，他们认为合乎逻辑的是必然存在着一个“终极原因”。这个终极源头就是，亚里士多德和其他学者哲学家称之为“上帝”的神。按照这种逻辑推理的结果是，有必要将世界上所有完美事物的存在归因于这一神性。如果世界之外真的存在着一个至高无上的终极原因，它将是世界的创造者，是世间万物的创造者，那么人类只有通过研究它创造的作品才能推断出这个终极原因的本质。从中可以很容易地看出，归因于这一终极原因的本质，必然取决于人类对世界和世界万物的看法。换言之，这意味着，神性概念必须以世界观作为基础，这包括所讨论的个别哲学家的世界观，或他所属的特定文化背景的世界观。哲学家试图将犹太文化的耶和华与亚里士多德命名为理性的上帝相协调统一时，他们强调的是，在造物主突然插手干预他自己所创造的秩序，是没有任何逻辑上的矛盾，因此我们相信奇迹和奇迹是建立在哲学基础上的。由此，在古典理性主义学派的哲学中，尽管世界万物运行秩序是完全被终极原因所决定的，但世界本身的因果链随时可能被超自然力量所干预打断。

---

① 译者注：原文为拉丁文：ex nihilo nihil fit。拉丁格言：Ex nihilo nihil fit. 无中不能生有。字面意思：从无中什么也不生。出自古罗马诗人、唯物主义哲学家卢克莱修（Lucretius，公元前99—公元前55年）的《物性论》（De rerum natura）。

现在让我们从古希腊哲学转向现代哲学。勒内·笛卡尔[①]通常被公认是现代哲学之父。根据笛卡尔的说法，出于上帝他自己的自由意志和目的，创造了所有的自然法则和所有支配人类精神的法则，其目的是如此深奥，以至于人类的思想无法理解其全部奥义。显然，在笛卡尔哲学中，并没有完全被排除发生奇迹的可能性。此外，由于上帝对世界的设计是如此的不可捉摸，因此，在逻辑上，我们必须承认，发生一些完全超出人类理解范围的事件的可能性。这些可能被称为奥秘，而不是后一术语的学术意义的奇迹。换句话说，由于我们的思想无法涵盖整个宇宙的运行法则，我们必须满足于将某些事件视为来自神秘而神圣的天意，而远远超出了我们的理解范围。就科学而言，这意味着实际上我们必须承认因果链中存在着断裂。

与笛卡尔的神性相反，巴鲁克·德·斯宾诺莎[②]的神是和谐有序之神，他的本性贯穿于所有的创造之中，以至于宇宙的因果关系本身就是具有神性的，因此是绝对完美的，不允许有任何例外。在

---

① 译者注：勒内·笛卡尔（René Descartes，1596 年 3 月 31 日—1650 年 2 月 11 日），法国哲学家，数学家和物理学家，是西方现代哲学思想的奠基人之一。

② 译者注：巴鲁赫·德·斯宾诺莎（Baruch de Spinoza，1632 年 11 月 24 日—1677 年 2 月 21 日），犹太人，近代西方哲学的三大理性主义者之一，与笛卡尔和莱布尼茨齐名。他的主要著作有《笛卡尔哲学原理》《神学政治论》《伦理学》《知性改进论》等。

斯宾诺莎的世界观里，没有发生意外或奇迹的可能。也就是说，因果关系是绝对连续而不间断的。

当审视建立在理性主义基础上的各种哲学时，进入我们视野的一个伟大名字是戈特弗里德·威廉·莱布尼茨①。根据莱布尼茨的说法，这个世界是集"造物主"最高智慧的计划而创造的。上帝在每一个被创造的事物中，都植入了其自己本体存在的法则，因此，世界上的每一个事物的存在和发展都是独立于所有其他事物而独立存在或发展，都只遵循其自身个体命运的法则。因此，莱布尼茨认为，事物之间的因果关系只是表面的。这意味着我们必须排除因果关系原则。

我认为，从这几个例子可以得出这样的结论：就因果关系存世的数量而言，从抽象原理推导出来的理性哲学理论，几乎和哲学家一样多。显然，沿着哲学思辨这个路径，我们无法在解决这一普遍问题方面取得任何进展。

现在我们要打破哲学惯例。不管对英国经验主义学派及其唯我论②

① 译者注：戈特弗里德·威廉·莱布尼茨（Gottfried Wilhelm Leibniz，1646 年 7 月 1 日—1716 年 11 月 14 日），德国哲学家、数学家，是历史上少见的通才，被誉为 17 世纪的亚里士多德。在哲学上，莱布尼茨的乐观主义最为著名；他认为，"我们的宇宙，在某种意义上是上帝所创造的最好的一个"。他和笛卡尔、巴鲁赫·斯宾诺莎被认为是 17 世纪三位最伟大的理性主义哲学家。

② 译者注：主观唯心主义哲学的一种推到极端的荒谬理论。认为只有"我"是存在的，其他一切（包括整个世界）都是我的表象或为我（主观意识）所创造出来的。

持有怎样的反对意见，至少它打破了传统理性主义学派的天真自负，开辟了发展一条更符合科学世界观的哲学观的道路。英国经验主义学派理念的突出特点是，不存在类似于某些早期理性主义哲学家所假设的与生俱来的知识或先天概念之类的东西。他们认为，当人类来到这个世界时，大脑是一个绝对空白，在这个空白上，感官印象是被自动记录下来的，而不需要大脑本身任何有意识的处理。

约翰·洛克①是英国经验主义学派的创始人。他代表了第一次系统性的尝试，即以批判性的方式估计人类知识在面对宇宙时的确定性和充分性。根据洛克的观点，所有的思想最终都依赖于经验，而洛克所说的经验是指五种感官的知觉（包括视觉、听觉、嗅觉、味觉、触觉）。除了这五种感官之外，只有反射意识，它不是一种感官，因为它与物体无关。但正如洛克所说，“它可以被恰当地称为内在感觉。”我们的体会是，看到的是红色或蓝色，分别会感受到的是温暖、柔软和寒冷、坚硬，这确实没有必要或很难对其明确定义。人们经常有如海市蜃楼之类的感官错觉。然而，这并不意味着感觉本身是错误的，而是我们从感觉中得出的结论

---

① 译者注：约翰·洛克（1632 年 8 月 29 日—1704 年 10 月 28 日）是英国著名的哲学家、思想家，被誉为“经验主义之父”，在近代哲学的经验主义流派中处于绝对的核心地位。

是错误的。欺骗我们的不是感官知觉，而是试图合理化解释的心智。

感官知觉是完全主观的东西，因此我们不能由此推断出物体的存在。绿色不是叶子的属性，而是我们在观察叶子时所感受到的一种感觉。

其他感官也是如此。如果除去感觉印象，物体就不会有任何痕迹。约翰·洛克似乎认为触觉比其他感官起着更重要的作用，因为正是通过这种感觉，我们感知到物体的厚度、伸展、形状和运动等性状，洛克似乎将这些性质、状态归因于身体本身的某些东西。但后来的经验主义者，特别是大卫·休谟，认为物体的所有性状只存在于感知主体的感觉中。

根据这个理论，所谓外部世界分解为复杂的感觉和印象，而因果关系，只不过是先后体验一个接一个感觉的某种顺序而已。秩序的概念本身就是一种感官印象，它被认为是直接给定的东西，不允许进一步分析，因为这种秩序随时都可能结束。因此没有因果关系。观察一个事物是跟随在另一个事物之后的，但观察本身不能断言前一个事物是由后一个事物所“引发”的。

如果一个快速运动的台球撞击另一个台球并使后者运动，我们会经历一个接一个的两个独立的感觉印象：即对运动台球的感觉，及因其撞击而运动的台球的感觉。如果我们站在台球桌旁，随着比赛的进行，这些观察会重复，我们可以在感官印象中得到一定的规律性。例如，我们得出第二个台球的速度，取决于撞击它的台球的速度和质量。我们还可以发现这两种现象之间的更进一步的顺序。例如，我们可以通过测量撞击的声音来比较撞击力大小；或如果我们在其中一个球上涂上一些颜料，我们可以检测到每个球在与另一个球的接触点，在撞击的瞬时会形变。然而，所有这些都只是有规律的相互伴随或相互替代的多种感官感知。但它们是这样的，即两者之间没有逻辑上的联系。如果我们谈到运动的台球对静止的台球所产生的力，这只是一个类比概念，如果我们自己用手去移动静止的台球而不是通过运动中的台球撞击，力是通过肌肉产生的。力的概念对于运动定律非常有用，但从知识的角度来看，它毫无帮助。这是因为我们无法通过因果关系或逻辑推理，将我们所经历的不同运动现象联系起来。无论它们之间的关系是否能被感知，每个人的感觉印象是不同的，而且会永远不同。

从根本上讲，因果律的意义在于，如果以一组“相同或相似的多种感觉的复合体”作为原因，那么另一组“同样或相似的感觉复合体”将作为结果出现。但在这里，关于什么可被认为是相似的，在每一次具体环境都需要单独的证明认定。以这种方式表述因果关系原则，就失去了其所有深层的意义。但这当然并不意味着，因果律对人类理性没有实际意义。这只意味着因果关系的假设并不能作为任何特定知识的依据。

那么，如何解释在日常生活中，我们会将事物的因果关系视为客观和独立的事物呢？如果在现实中，我们体验到的只是一连串个体感官知觉的连续有序的相互伴随或替代，除此之外别无他物，这怎么可能呢？经验怀疑论回答说，这是由于因果关系的巨大效用和习惯的力量使然。习惯，当然在生活中起着极其重要的作用。从孩提时代开始，它就影响我们的性情、意志和思想。我们认为我们理解一件事，仅仅是因为我们已经习惯于它。当我们第一次遇到新事物时，我们会感到新奇、惊讶；但是如果同样的事情发生了十次，我们会发现这是很自然的事情。如果这种情况发生一百次，我们会说这是显而易见的，我们甚至会把它看作是一种必然。大约一百年前，人类除了人和动物的肌肉力量外，一般不熟悉任何其他的动力源。因此，人们认为不可能有其他形式的驱动力。当人类发现空气和水的压力，并应用于机械做功对外输出驱动力时，这个驱动力也只是在一个固定的场景下，而不能移动或随时取用。只有人和动物的肌肉力才能随意地从一个地方移动到另一个地方。有一个故事说，当第一条铁路穿过乡村时，农民们互相打赌“火车头里藏了多少匹马”。由于我们今天到处都是蒸汽机和电动机，现代年轻人已经很难理解，一百年前农民认为蒸汽机的动力完全是来自于马匹的观念。

到目前为止，怀疑者的观点是正确的，他们认为，正是由于习俗和习惯的力量，我们才将某些事件归因于某种原因。但与此同时，这种习惯的力量也无法解释我们为什么要进行归因推论。在弗里茨·罗伊特[①]的故事《雷的不贝林根（Rei's Nah Bellingen）》中，毫无疑问的是农民犯了一个可笑的错误，认为蒸汽机车里藏着马。正如古希腊农民犯了一个错误，将雷声归因于朱庇特的愤怒。但这不是重点，相反，问题的关键在于回答“为什么这些事件都应该归因于一个原因？”以及当我们看到一个事件发生在另一个事件之后时，“因果关系”概念的本身是如何产生的。仅仅是有规律的连续的印象，并不能回答这一个问题。

我们对经验主义理论进行了更深入的思考，如果我们更深入地思考经验主义理论，并追问，如果我们将它的逻辑推理方法付诸实践、进行实际检验，它最终会将把我们引向何方。首先，我们必须牢记这样一个事实：当存在“感官知觉作为知识的唯一来源”的问题时，那么在每个人的意识中，就只能存在每个人的个人感官知觉的问题。其他人是否也有类似的感受，我们只能通过类比来假设；但是，根据经验主义理论，我们无法真正体察这一点，也无法从逻

---

① 译者注：弗里茨·罗伊特（Fritz Reuter），德国小说家，19世纪现实主义作家，他的作品富于幽默的特色。生于德国梅克伦堡——前波美拉尼亚州的施塔文哈根市，现保留有弗里茨·罗伊特故居、文学博物馆。

辑上证明这一点。因此，如果我们要遵循经验主义的逻辑推论，排除一切武断的假设，我们每个人都只能将自己局限在他或她自己的个人感官知觉的基础上。因果律只是我们经验的一个框架，当它们通过感官进入时，它们之间相互联系，而且由于完全不能告诉我们接下来会发生什么，它也不能告诉我们，我们的经验顺序是否会在一瞬间被打破。这种情况似乎消除了从日常事件中产生的感官知觉与在这个世界中没有任何基础的感官知觉之间的界限。以睡眠为例，我可能会在梦中做各种各样的事情，但是当我醒来的那一刻，周围的现实就让我知道梦境中不是真实发生的。然而，经验主义者不能从逻辑上承认这一点。对他们来说，不存在不能被感觉到的现实。因为主观感觉是意识的唯一来源，是知识的唯一基础和标准。根据经验主义者的说法，清醒的人会相信他感官知觉的真实性，但与做梦的人对比时，没有理由说一组感知是假的，另一组是真的。

当然，从纯逻辑的角度来看，这种通常被称为“唯我论”的思想体系是牢不可破的。唯我论者是以自我为中心建立的，除了他此刻通过感官知觉所接受的知识，他不认为其他任何知识是真实的或可靠的。其他一切都是衍生的和次要的。当唯我论者在夜晚入睡时，当他的眼睛、耳朵、嗅觉和触觉变得不活跃时，世界对他来说也就不再存在了。早晨起来，一切对他来说又都是全新的。当然，在这里我只是在想象，如果一个人是经验主义学派合乎逻辑的结果，他会是怎样的。

这一切相当于对常识的否定。以至于即使是该学派最高造诣的怀疑论者，也发现自己不断地在常识与他们自己哲学体系的纯逻辑结论之间做出妥协折中。在这方面，大家不妨注意一下主观主义学派中最杰出的人物之一，伯克利主教①。伯克利学生时代曾研究学习洛克的思想，但他有着非常深刻的宗教思想，并因为洛克的怀疑论而强烈地批判了他的哲学。在伯克利看来，所有事物都只存在于头脑意识中，而那些尚未被感知到的外部世界只能通过说它存在于“上帝”的头脑中来解释。他是以这种方式表达了上帝的存在：在我们自己意识中的印象，有些是独立于我们意志的，有时甚至是与我们的意愿相反的。对于这些印象，我们必须在我们自身以外的地方寻找原因，因此，伯克利用与理性主义学派几乎相同的推理方法来确立上帝的存在。然而，对他来说，唯有头脑和意识存在——神的头脑和人类的意识。我们所感知的现实世界只存在于我们自己的头脑中。因此，对于伯克利而言，我们无权谈论现实外部世界中事物之间的因果关系。

总而言之，主观经验论在纯粹逻辑推理是无懈可击的，其结论

---

① 译者注：乔治·伯克利（George Berkeley，1685 年 3 月 12 日—1753 年 1 月 14 日），出生于爱尔兰，18 世纪最著名的哲学家、近代经验主义的重要代表之一，开创了主观唯心主义。并对后世的经验主义的发展起到了重要影响。贝克莱的代表作有三部：分别是在他 24 岁时刊行的《视觉新论》，25 岁发表的《人类知识原理》，28 岁时出版的《海拉斯和斐洛诺斯的对话三篇》。又译为伯克利，为纪念他加州大学的创始校区定名为加州大学伯克利分校（University of California，Berkeley）。

同样坚不可摧。但是，如果纯粹从知识的角度来看，它会导致一条死胡同，这就是唯我论。为了摆脱这一僵局①，必须在闭环中的某个部分跳出来，最好是在最开始时就跳出来，除此之外别无他法。要做到这一点，只能一劳永逸地引入一种形而上学的假设，这种假设与感官知觉的直接经验或从它们逻辑上得出的结论毫无关系。

批判学派的创始人伊曼努尔·康德②是第一个清楚认识到这一真理，并指出必须采取形而上学的方式才能予以解决的人。根据康德的观点，我们意识中的感官印象并不是知识的唯一来源。头脑有一些独立于所有经验的概念，这些就是所谓的类别种类；在康德哲学中，它们是所有知识的必要条件。康德认为因果关系就归属这样一个范畴。它是一种终极的先验形式，人的理性自发地按照这种方式对其经验进行排序——而不是因果律是从经验中衍生出来的，相反，它是使经验本身成为有序排序的必要条件。康德是这样表述因果律的："发生的一切都有某个事物作为其发生的先决条件，而这组事物的交替发生呈现了某种规律。"康德认为这个假设是独立于一切经验之外的。但是，康德的假设不能说成是，规律地跟随在其

---

① 译者注：原文为斜体字，*impasse*。

② 译者注：伊曼努尔·康德（德文：Immanuel Kant，1724 年 4 月 22 日—1804 年 2 月 12 日），德国哲学家、作家，德国古典哲学创始人，其学说深深影响近代西方哲学，并开启了德国古典哲学和康德主义等诸多流派。

他事物之后的一切事物，都与该事物有因果关系。例如，几乎没有什么比白天与黑夜的交替更有规律了，但是没有人会断言“白天是黑夜的原因”。因此，相继交替本身并不像经验主义所说的那样等同于因果关系。在上面这个白天黑夜交替的例子中，这一结果对应了两个不同的原因，也就是说有双重原因：其一是地球的自转，其二是太阳光线不能穿透地球。

因此，在康德体系中，因果律的普遍有效性得到了肯定。然而，与此同时，不可否认的是，虽然康德学说的大部分是有用的和结论性的结果，但由于其强烈的教条主义倾向，在一定程度上又是武断的。这就是为什么它成为众多挑战攻击的对象，而且随着时间推移其有所改变的原因。

我们在此不必过于详尽描述康德时代以来因果关系问题的哲学发展，指出这一发展的主要特征就足够了。最强烈反对康德学说的，是来自于那些认为康德学说在形而上学方面走得太远的哲学家。当然，如果我们要避免陷入唯我论的僵局，就不能避免形而上学，这是完全正确的。但是，需要注意的是，如果任何学说体系一方面试图避免形而上学的极端；另一方面又试图避免唯我论的极端，那么它必然会在逻辑上具有某种程度的妥协，因此也会表现出系统薄弱性的特征。然而，在折中的基础上完全可以构建一个系统，为了满足所有实际目的，这个系统的脆弱性将被充分加强。

康德的学说，以及从唯心主义到极端唯物主义的整个先验哲学，从一开始就建立在公认的形而上学基础之上。与此相反，由奥古斯特·孔德创立的实证主义体系，在其各种形态和形式中尽可能地保持其自由，而不受形而上学的影响。它将我们自身意识的经验作为知识的唯一来源，来达到这一目的。简单地说，根据实证主义的教义，因果关系不是建立在事物的本质上，而是人类心灵的一种体验。它之所以重要，主要是因为实践证明它富有成效和有价值。因此，因果律就是这种体验的应用。因为我们总是能够通过自己的经验准确地知道自己的发现，因果概念的意义对我们来说是非常清楚的。但与此同时，可能仍然存在我们发现一些不适用的情况，因此也与因果关系法相矛盾。康德认为，不可能存在“没有因果关系的知识”，因为因果概念比任何经验都更早地存在于人的头脑中。而实证主义的观点是，人的创造性思维是为了方便而形成的因果概念。因此，它不是头脑中先天的、与生俱来的一种概念。“人是万物的尺度”普罗泰戈拉[①]很久以前说。我们可以随心所欲地旋转、飞跃，但我们永远无法摆脱自身的束缚。无论我们飞向绝对领域的轨迹是什么样的曲线，我们总是在自己的轨道内运动，这是由我们自己意识所感知到的经验范围所

① 译者注：普罗泰戈拉（Protagoras，约公元前490或480年—前420或410年）公元前5世纪希腊智者派的主要代表人物。他主张“人是万物的尺度”。

决定的。尽管从先验哲学的角度来看，会有许多人反对这种态度，但在某种程度上，不可能否定这种实证主义态度。因此，争论与反驳在无休止的辩论中交替。对我们来说，这个故事的**结局**[①]证实了我们以前的信念，即因果律的性质和普遍有效性不能完全基于任何纯粹抽象推理来确定。先验论和实证主义的观点是不可调和的，只要哲学学派存在，它们就会一直存在。

如果纯粹逻辑推理在处理类似案例中有最终决定权，那么圆满解决的因果关系问题就毫无希望了。但哲学毕竟只是人类活动的一个分支，主要研究影响自然和人类问题。科学是另一个分支。当哲学在某一特定情况下失败时，我们完全有理由转向求助于科学，并询问它是否有令人满意的答案。

现在，让我们首先问一下，在因果关系的问题上，科学的各个分支间是否就像哲学的各个分支一样，存在割裂、分歧或对立？在这个探究的开端，有人也许会反对说，一个属于哲学范畴而哲学又不能解决的问题，是不可能在一门科学范畴内得到解决的。提出这种反对意见的理由是，哲学是科学研究的精神基础。哲学必须先于每一门科学，如果有一门科学要研究哲学普遍性问题，那就相当于违背了我们整个精神研究领域的规律、原则。

① 译者注：原文为斜体字，德语，denouement。

虽然这种论点经常被提及。但在我看来，它的弱点在于，它忽略了哲学与各种科学之间实际存在的合作协作。我们必须记住，哲学和科学在其研究的出发点，以及在研究过程中所使用的思维工具，根本上是相同的。哲学家并不是以有异于常人的维度而自居的。他所建立的思想体系，除了他的日常经验和他在专业研究过程中形成的意见外，没有任何其他基础。后者必须在很大程度上依赖于他的才华和他本人的哲学发展背景。从某种意义上说，哲学家的地位比科学专家高很多，因为后者将观察和研究局限在一个更狭窄的事实范围内，而这些事实是系统地组合起来的，需要进行深入而集中的探究。因此，哲学家对普遍性问题有更好的理解，而这些普遍性问题不会引起科学家的兴趣，并且很容易被科学家忽略。

这两种研究的前景和工作的不同之处，可以类比为两位一起游览同一地区的旅行者。比如说，第一个旅行者对风景的一般特征感兴趣，如起伏的山丘和山谷，以及森林和草地的不同格局等。而第二位旅行者，仅对该地区的动植物或可能仅对该地区的矿产感兴趣。他的注意力集中在观察动植物的特殊样本，或者他可能会在不同的地方进行地质考察，以期发现地下是否存在矿藏。那么，第一个旅行者肯定对整个景观有了更好的了解，并能将其与其他景观进行对比。他可以从总体上对土壤的矿物性质以及土壤中的植被或动物种类做出普遍性的结论；但他的推断将相当笼统，而且要根据第二位旅行者的考察意见，为他的结论加以证实和说明。因此，一方的工作是对另一方工作的有益补充。也许有无数的例子可以表明，第二个旅行者的工作，对于解决那些困扰具有更广阔视野的人的问题是绝对必要的。

这个类比同其他比较一样，并不完全适合这种情况。但至少它提出了这一点，即面对一个是哲学范畴内根本性、普遍性的，而且只有哲学才能解决的具体问题，如果不能采用哲学方法得出结论性的意见时，那么，必须从其他科学分支中，发现关于这个问题的特征。如果这里所说的答案会是确定的、结论性的答案，那么必须应该以这样的方式去探索。每一门真正的科学都有一个共性特征，那就是它所获得的普遍而客观的知识具有普遍的有效性。因此，它所获得的确切结果，应被无条件地承认并且必须始终保持正确性。科学发现的进步是明确的，永远不能被忽视。

这在自然科学的发展中表现得非常明显。通过无线电报，我们现在可以在几分之一秒内，将任何消息发送到地球上最遥远的地方。现代人可以乘坐飞机升到空中，飞越山谷、高山、湖泊和海洋，从地球的一个地方飞到另一个地方。通过 X 射线，可以透视生物的内部构造和功能，并且可以发现单个原子在晶体中的位置。由于科学以及它所孕育的技术所取得的成就，使过去哲学家的一些伟大的发现黯然失色，也使人们对魔术师的戏法嗤之以鼻。

如果有人对这些切实的成果都视而不见，妄谈科学的崩溃，一般人都不屑于去反驳他。科学对知识进步的贡献，完全没有必要提出详尽的证据来证明论证。只要指出摆在每个人眼前的事实就足够了。人们坐在花园里时，只要抬头就能听到飞机的马达轰鸣，或者打开书房的收音机，让那些怀疑论者听到来自千里之外的声音。任何人类努力的价值都是并且永远必须是科学所取得的成果。

现在让我们回到我们正在处理的具体问题上来，先让我们暂时承认科学方法处理这个问题的能力和可靠性。让我们探究一下，在科学的各个不同分支中，科学是如何看待因果关系的问题的。需要强调的是，我所说的是指自然科学本身，而不是它赖以运作的哲学或认识论基础。事实上，科学是否只停留在感官印象带来的直接数据，以及对这些数据按照理性规律的系统组织？或者，它是否在其研究活动的最初，就已经超越了这一直接来源所带来的知识，从而跨入了形而上学的领域？

我认为这个问题的回答是非常确切的。每一门自然科学，都已经排除了第一种选择，也都坚定地选择了第二种。事实上，可以说，每一门科学都是通过明确放弃“以自我为中心和以人类为中心”的立场，来完成其任务的。在人类思想的早期阶段，人类将注意力完全集中在通过感官获得的印象上，人类早期将自己和自己的利益作为其推理系统的中心。他认为，大自然的力量和他一样是有生命的生物，他把它们分为两类，一类是友好的，另一类是邪恶的。同样的，将植物分为有毒和无毒两类。把动物分为危险和无害两类。只要他还停留在这种认知环境的方法上，他就不可能取得任何真正的科学知识。他在科学方面的第一次进步，是在他放弃自己的切身利益，把它们从思想中彻底抛开之后才取得的。之后的一个阶段，是成功地推翻了“地心说”的观念。然后，他彻底放弃自我为中心的立场，尽量保持客观，以免在他自己与对自然现象的观察之间，夹杂他自身的特质和个人想法。只有在这个阶段，外部自然世界才开始向他揭开它的神秘面纱，同时也为他提供了一些能够达到他预期目标的方法；如果他继续坚持“以自我为中心”这种狭隘的立场，来寻找这些方法，那么他永远也不可能发现这些方法。科学的发展很好地说明了一个悖论，即“人类若要找到灵魂，必先失去灵魂”。例如电等存在于自然的能量，并不是由那些仅仅为了实用目的而进行研究的人所发现的。只有那些除了真正追求科学发现和科学知识，而没有任何功利目的的人，才能发现科学真理。我提到的几个例子充分地说明了这一点。例如，海因里希·赫兹做梦也没想到他的发现会由马可尼①开发，最终演变成无线电电报系统。伦琴永远不可

① 译者注：伽利尔摩·马可尼（Guglielmo Marconi，1874年4月25日—1937年7月20日），意大利无线电工程师、企业家、实用无线电报通信的创始人。1909年他与布劳恩一起获得诺贝尔物理学奖，被称作“无线电之父”。（1943年，美国最高法院撤销马可尼胜诉的原判，裁定特斯拉为无线电的发明者。）

能勾勒出 X 射线能够在当今有如此广泛用途的愿景。

前面我已经说过，每一个科学分支所迈出的第一步，都是跨入形而上学领域。在这一跨越时，科学家对他将到达的彼岸所能带给他的有力支撑充满信心，尽管在跨越之前，没有任何逻辑推理能够向他保证这一点。换言之，每一个真正具有创造性的科学基本原理和科学假设，都不是基于纯逻辑推理的基础上，而是建立在形而上学的假设上——即存在着一个完全独立于我们自己的外部世界——这是任何逻辑推理都无法反驳的。只有通过我们意识的直接确认，我们才知道这个世界存在。这种意识在某种程度上可以称为一种特殊的感觉。甚至可以说，每个人的意识都以某种特定的方式来感知外部世界的存在。这就好像我们每个人佩戴颜色深浅都略有不同的眼镜来观察远处的物体。我们在对自然现象进行科学研究时，必须考虑到这一点。所有科学思维方式中的第一要务和最重要的品质，就是必须明确区分开观察者的主观与被观察的外部对象。

一旦科学家开始跃升进这种“超验”的境界，他就不讨论跃升本身，也不再担心它。如果他这么做了，科学就不会发展得如此之快。无论如何从根本上来说，这是一种同样重要的考虑——这一行为准则在任何逻辑基础上都不能被驳斥为不一致。

当然，有一种实证主义理论认为“人是衡量万物的尺度”。这个理论是无可辩驳的，因为没有人可以在逻辑推理上反对一个以人类尺度衡量所有事物的行为，并且他将整个创造最终归结为感官感知的综合体。但是还有另一种衡量尺度，与测量的技巧、方法和性质无关，它对某些问题更为重要。当然，这不是直接的感知数据。科学充满信心地开始努力去了解事物的核心本质，即使我们意识到这个理想可能永远无法完全实现，但我们仍然不懈地朝着它奋斗。我们知道，每一步的努力都会得到丰厚的回报。科学史将证实我们对这一真理的信念。

科学一旦假定有一个独立的客观世界的存在，同时就假定了因果律是完全独立于人的感觉和知觉。科学将因果律应用于研究自然现象时，首先要考察因果关系是否适用于自然界和人类精神领域的各种事件，以及在多大程度上适用于这些事件。在这里，科学发现自己的立足点，与康德知识理论起点的基本相同。在科学的每个特殊分支中，就像康德哲学的情况一样，从始至终将因果关系归属于一个特殊的认知范畴，没有这些认知，科学知识就无法进步。但我们在这里必须对两者做出区分。康德不仅把因果关系而且在某种程度上把因果律本身的意义均作为知识的直接依据，因此是普遍有效的。科学不能走到这一步。科学必须把自己限定在这样一个问题，即因果律在每一个个案中都有什么意义，从而通过研究，赋予因果概念以实际意义和价值。

第五章

因果关系与自由意志：科学的答案

我们现在要问的是，自然科学是否能够帮助我们走出哲学迷失方向的幽暗森林，以及能帮助我们走多远。自然科学对于因果律的普适性和恒定的有效性，所采取了什么样的务实态度？科学在其日常研究中，是否将因果律作为必不可少的科学假设？它开展所有的研究活动，是否是基于“客观世界的因果链是完整连续的”？或者，当使用因果律作为有效假设时，科学实践是否表明，在自然界存在有因果律失效的情况，以及在精神领域中也有某些区域是因果律不起作用的？我们要想努力找到这些问题的确切答案，就必须把它们分别放在自然科学的各个分支中。当然，在这样做的时候，我们必须首先回答一些简单的盘问。如物理科学对我们的问题有什么看法？生物学会怎么回答？如心理学、历史学等人文科学，又会说些什么呢？

让我们从最精确的自然科学，即物理学开始。在经典动力学中，不仅包括力学和万有引力理论，而且还要包括麦克斯韦-洛伦兹电动力学的观点。在经典动力学中，我们给出了因果律的一个公式，尽管它可能是片面的，但从精确性和严密性来看，它几乎是理想中的完美。它用一个数学方程组来表示，通过这个方程组，如果已知时间和空间条件——也就是说，如果所有的初始状态以及外部因素对物理场景产生的影响全部已知的情况下，那么可以绝对预测在给定物理场景中的所有事件。更具体地说：根据含有因果律假设的经典动力学方程，如果我们已知粒子或粒子系统的当前位置和运动速度，以及运动发生的条件，我们就可以计算得知其在未来任意给定时刻的具体位置。这样一来，经典动力学就有可能预先计算出个体运动中的所有过程状态，从而能根据因果关系来预测结果。经典动力学在我们这个时代取得的最新一个重大进展是爱因斯坦的广义相对论。广义相对论将牛顿万有引力定律和伽利略惯性定律有机融合在一起。最近有一些试图证明，相对论是证实了实证主义观点，并且在某种意义上与先验哲学不相容。有些企图完全是错误的，因为广义相对论的基础，不是时间和空间是各自独立的绝对的存在，而是由观察者的参照系决定的。广义相对论的基础在于，在“四维时空流形[①]”中有一个测度[②]，即无穷接近的两点之间的距离。这就是所谓的张量或**测量**[③]，对于所有测量观测者和所有参考系而言，都是相同的值，因此，它具有先验性，是完全独立于人类意志而存在的。

然而，最近在这个经典相对论物理学的体系中，由于引入量子假说带来了某种扰动。人们还不能肯定地说，该假说后续发展可能

---

① 译者注：原文 the four-dimensional space-time manifold。学术名词，广义相对论中的四维空间不是一般人理解的“三维空间 + 一维时间”，而是一个“单连通的四维流形 + 度规”。

② 译者注：测度，数学术语。数学上，测度（Measure）是一个函数，它对一个给定集合的某些子集指定一个数，这个数可以比作大小、体积、概率等。传统的积分是在区间上进行的，后来人们希望把积分推广到任意的集合上，就发展出测度的概念，它在数学分析和概率论有重要的地位。

③ 译者注：原文 Massbestimmung，德语、斜体字，测量，译者注是科学名词（而不是动词）。

会对基本物理定律产生怎样的影响，但一些必要的修改似乎是不可避免的。我坚信，在更多的物理学家共同努力下，量子假说最终会以数学方程的方式进行精确表达，这些方程也必将是因果律更精确的表述。

除了适用于个别情况的动力学定律外，物理科学还认可其他定律，即统计定律。后者相当准确地表达了某些事件发生的概率，因此也允许在特定情况下出现例外情况。这方面一个经典例子是热传导。如果两个温度不同的物体相互接触，那么根据《热力学第二定律》，热量总是由温度较高的物体传递到温度较低的物体。现在，我们从实验中知道，这个定律只是一种概率。因为，特别是当两个物体之间的温差非常小的时候，很可能会发生这样的情况：在一个或某个特定的接触点，在一个特定的时刻，热传导会发生逆向传导——也就是说，热量从温度低的物体传递到温度高的物体。热力学第二定律和所有统计定律一样，只对大量类似事件产生的平均值才有确切意义，而不是对每一个事件本身。如果我们要考虑个体情况是否发生，我们最多只能说“只有一个发生的确切概率”。这个情况与在玩骰子时使用“非对称立方体”的情况非常相似。我们假设“立方体的重心不在几何中心，而是明确地偏向某一面”；那么，抛出骰子时，很可能会停在靠近重心的那一面朝下，尽管这一点并不确定。重心与立方体对称中心的距离越小，其结果的变化就越大。如果我们尽可能多地抛掷骰子，观察记录每次发生的情况，那么我们可以得出一个比例，例如，抛掷 1000 次骰子会有多少次落在某一面。

让我们回到热传导的例子，并分析因果律的有效性是否严格适用于所有个例。答案是它确实成立。因为，更深入的研究已经证明，我们所说的热量从一个物体传到另一个物体是一个非常复杂的过程，它通过我们称之为分子运动的无数个相互独立的特殊过程进行。进一步分析表明，如果我们假设每一个独立分子运动都遵循动力学定律——也就是说，严格的因果律——那么我们就可以通过这种观察推导出符合因果关系的结果。事实上，统计定律依赖于在每个特定情况都严格遵循因果律的假设。因此，在特定情况下不符合统计定律，并不是因为该种情况不符合因果律，而是因为我们的观测不够准确细致，所以无法证明每种情况都符合因果律。如果我们有可能在这个错综复杂的过程中，跟踪每个分子的运动，那么我们就能够发现，每一种情况都是严格符合动力学定律的。

在谈到这方面的物理科学时，我们必须始终区分两种不同的研究方法。一种是宏观法，它以普遍性和概括式的方式进行研究。另一种是微观法，它的分析可以更加精细和详细。只有那些宏观研究者——也就是说，那种在整体上处理大量事物的人，他所研究对象的单个元素才会存在机会和概率问题。偶然因素的范围和重要性，当然是由对研究对象所掌握的知识和研究方法来衡量确定的。另一方面，对于微观研究者来说，只关注于准确性和严格的因果关系。可以说，他研究的成败完全取决于他对每一个个体的细节所进行详细研究的质量。宏观研究者只计算整体数值，只运用统计规律。微观研究者计算每个个体数值，并运用动力学规律使其具有实际意义。

假设我们再思考一下前面提到过的骰子的例子。从微观角度来分析，这意味着：除了知道骰子本身的性质——包括它的非对称性和它重心的确切位置，还要考虑它的初始位置和初始速度，以及桌子、空气阻力对它运动的影响，和其他所有可能的影响。假设，我们能对所有这些条件都进行充分研究分析，那么就不存在偶然的问题了。因为，每次我们都能计算出骰子会停在什么位置，知道会哪一面朝上。

在不深入讨论任何细节的情况下，我想说的是，当物理科学将宏观的研究方法，应用于分子、原子的等所有微观层面时，自然会力求将其研究方法细化到微观的精细程度，并始终寻求将统计规律简化为一个动态的、严格的因果系统。因此，在这里可以说，物理科学，以及天文学、化学和矿物学，都是以严格且具有普遍有效性的因果关系原则为基础的。总而言之，这就是自然科学对本章开头所提出问题的答案。

现在让我们来谈谈生物学。这里需要研究的因素、条件要复杂得多，因为生物学是研究生物的，而关于生命的问题一直是科学研究领域的一大难题。当然，在这门科学领域中，我不能自居学术权威来讲话。然而，我依然可以毫不犹豫地说，即使在最模糊的问题中，例如遗传问题，生物学也越来越明确接近因果关系普遍有效性的假设。正如没有哪位物理学家最终会承认无生命的自然中存在着偶然性一样，也不会有一个生物学家会承认绝对意义上的偶然性，在生理学中实施微观研究方法当然要比在物理学更加困难。因此，大多数生物规律都具有统计学特征，被称为规律。当应用这些凭经验所确立的规律出现异常时，这并不是因为因果律本身的任何缺失或失效，而是因为在应用这些规律时缺乏必要的完备知识和研究方法。生物学坚决反对允许例外情况的存在。那些看似例外的情况会被仔细地记录和整理，并进行进一步研究，直到它们可以根据因果关系得到确切的证实。经常发生的是，这种对例外情况的进一步研究，会揭示出某些至今未知的相互关系，并使人们对最初发现例外情况时所依据的规则有了新的认识。这样，普遍存在的因果关系常常从一个新的方面得到证实，许多重大的发现就是这样取得的。

我们如何区分什么是真正的因果关系，和什么仅仅是巧合或是某个事件相继另一个事件连续发生的？答案是，没有硬性规定可以做出这样的区分。科学只能接受因果律的普遍有效性，这使我们能够根据给定的原因得出确定的预测结果，如果预测的结果不符合计算推理，那么我们就知道，在我们的计算中忽略了某些事实。这里有一个小故事可以说明我的意思，它说的是化肥在农业中的效率。

如果我没记错的话，这个故事是讲本杰明·富兰克林①的。他不仅是一流的政治家，而且在自然科学领域，也是一位非常杰出的科学家和发明家。他一度对化肥问题非常感兴趣而进行研究，并清楚地指出了化肥在农业经济发展中的重要性。他对自己的理论进行了验证并取得了实质性的成功，这对于他自己的科学爱好来说是相当令人满意的。但是，他发现很难让邻居们相信，他们都认为富兰克林的田里生长着繁茂的杂草，是由于使用了化肥造成的。对农民来说，杂草就是杂草，农田就是农田，有肥沃的田地，也有贫瘠的土地，有风调雨顺的天气，也有旱涝不均的情况，而他们认为这些是影响丰收或歉收的唯一因素。富兰克林决心让农民相信，人类的农艺技术可以直接影响农作物生长的质量。为此他进行了对比实验，在播种时，他在田地的一部分并排挖了一些垄沟，按字母顺序命名。他在这些垄沟里填满了化肥，而田地的其他部分则完全是自然生长。随着庄稼的生长，这些按字母命名施过化肥的垄沟，比地里其他部分，就是那些没有施过化肥的田地里的杂草要高得多，也要茂盛得

① 译者注：本杰明·富兰克林（Benjamin Franklin，1706 年 1 月 17 日—1790 年 4 月 17 日），美国政治家、物理学家、印刷商和出版商、作家、发明家、科学家以及外交官，美国开国元勋之一。

多。过路人看到后都会说这样一句话：“这些杂草更多的土地，就是施过‘石膏肥料’的。”历史并没有说明顽固的农民是否被证据说服，但这无关紧要。没有人会仅凭纯粹的逻辑推理而被迫承认因果关系，因为因果关系在逻辑上是不可证明的。这里说明的要点是，如果在一个特定的情况下，我们引入一个原因，其本质相当于“引入”了一个结果，就像经院哲学家常说的那样，如果结果与预测完全一致，那么我们可以确定因果关系。以富兰克林的“化肥与杂草”为例，除了施肥之外可能没有其他解释，而这种解释作为一种原因，与结果有一种天然排他性的联系。

当然，可以说因果律毕竟只是一个假设。如果它是一个假设，它不像其他大多数假设那样只是个普通的假设，它是一个基本假设，因为它是其他所有假设应用在科学研究中能够成立并有实际意义的一个必要假设。这是因为，任何含有明确规则的假设，都以因果律的有效性为前提。

现在我们来谈谈那些研究人类的科学，即人文科学。在这个领域，科学家遵循的方法与物理学中遵循的方法迥然不同。他们的研究对象是人类的思维及其对事件进程的影响。这里最大的困难是原始数据不足。当历史学家或社会学家努力将纯客观的研究方法，应用于他所关注研究的领域时，会发现他自己在几乎所有方面都临着缺乏数据的问题，通过分析这些数据，可以帮助判断导致世界过去和当前普遍状况的原因。与此同时，历史学家或社会学家在这方面至少有一个优势是物理学家所没有的——他可以在自己身上，发现与他研究的对象类似的活动。对自身人性的主观观察，至少为他在研究外部人格或群体人格时提供了一种粗略的评估方法：他可以“感觉”到他们的“本来面目”，从而对他们的动机和思想特征有一定的了解。

现在，让我们看看人文科学家对待因果关系问题的态度。在人类思维活动和情感活动中，以及由这些活动产生的外在行为中，是否普遍都存在着严格的因果关系？是否所有行为最终都归因于环境的因果关系，例如过去的事件和现在的环境，都没有为人类意志的绝对自由留下任何空间？或者，与外部客观世界不同，我们在这里是否至少有一定程度的自由，或称自由意志，或随机选择，无论人们怎样去命名它？自古以来，这个问题一直是争议的根源。那些认为人的意志是绝对自由的，他们普遍是这样认为的，在自然进化的维度上越高，必然性的作用就越不明显，创造性的自由空间就越大，直到我们最终谈到人类的情况，人类享有意志的绝对自主权。

除非经过历史和心理学研究的检验，否则不能说这种观点是否正确。这是和物理科学的情况完全一样的问题。换句话说，除非我们把它放在外部现实检验，否则无法知道因果律在多大程度上是有效的。当然，当因果律应用于人文科学时，会使用不同的术语。在自然科学中，具有给定特征的特定物理场景是研究的主题。在心理学中，我们需要研究的是一个明确具体的个体。该个体人格特征包括了诸如身体构造、智力、想象力、性格气质、个人品位等。在研究这个人格特征时，我们会受到外部环境、生理和心理影响，比如气候、食物、教养、友谊、家庭生活、教育、阅读等。现在的问题是，所有这些背景数据是否都是遵循因果律而决定这个人格的所有细节特征。换言之，如果假设，我们现在已经透彻而详细地掌握了所有这些因素，那么我们能否根据因果关系确切地判断，这个个体在此后的某个时刻将如何行动？

在为这个问题寻求合理的、符合逻辑的和充分的答案时，我们所处的位置，与我们研究自然科学时所处的位置完全不同。显然，对于上述问题，很难给出明确的答案。某些人可能会有自己的看法，并做出推测或假设，但这些并不能为答案提供逻辑依据。尽管如此，我认为可以肯定地说，心理学和历史学等人文科学当今的发展方向是为了正确回答我们假设的这个问题并得出确切答案，提供了一定的依据。正如一个物体的运动，在每一时刻，必然是各种力联合作用的结果，同样地，人的行为也必然是相互叠加或相互抵消的动机之间相互作用的结果，它一部分是有意识的，也有无意识或潜意识地朝着结果发展。

毋庸置疑的是，人类所做的许多行为似乎是无法合理解释的。

有时，要为某些行为找到合理的解释，似乎是一个无解的谜题，而另一些行为则显得非常愚蠢，根本没有任何理由。但考虑一下，这些行为在一个训练有素的心理学家看来是怎样的，或在路上的普通人看来又是怎样的。后者可能完全不明就里，而前者往往可以很清楚地判断。因此，如果研究人在非常熟悉的环境中的行为，我们应该发现，这些行为是可以通过性格、短暂的情绪紧张或特定的外部环境中的原因来进行解释。而在那些极其困难甚至几乎不可能发现合理动因的情况下，我们至少有理由假设，如果我们找不到任何可以合理解释的动机，我们不能推论认为其没有动机，而是应该归咎于我们对情况特殊性的了解不够。这与掷不对称骰子的情况相同。我们知道掷骰子的最终结果是，掷骰子全过程中所有因素共同形成的结果，但在单次掷骰子时，我们无法分析严格因果关系所起的作用。因此，尽管人类行为的动机往往是完全隐藏的，但精神科学领域，按科学分析判断，不可能存在完全没有动机的行为。这就像客观物理世界中，假设绝对偶然性的存在与物理科学的工作原理是不相容的一样。

然而，行为不仅受到导致该行为的动机的制约。每个行为也会对随后的行为有因果影响。因此，我们在精神生活中有一个接一个的无穷无尽的“事件链”，其中每一个环节都被严格的因果关系联系在一起，在动机和行为中不断交换，不仅与前一个环节联结，也与后一个环节相连。

人们试图找到一种方法，将这些联系从因果链中释放出来。赫尔曼·洛采[①]曾公开反驳康德，他提出了这样一个观点，这样的因果链仅仅有起点，但是没有终点。换句话说，在这种假设下，会有某个动机是凭空出现的，不是因任何先前的条件所导致的，因此由这个动机导致的行为，将成为一条新因果链中的第一个环节。洛采认为，这尤其适用于解释，那些被称为创造天才的天马行空的思维活动。

尽管我们不能质疑这种情况在现实世界中发生的可能性，但我们可以合理地回答，在心理学领域正在进行的更深入的科学研究将会指出这种可能性。但对心理学研究而言，并没有任何可以作为所谓“自由开端”起点的标志。相反，随着科学研究越深入就越能发现，其因果关系也就越明显，甚至那些世界历史上堪称伟大的思维创造，也呈现出这一特征。经过科学研究的深入分析，更加明显得出每个事件的基础是前面的事情和影响因素。这就足以证明，当今心理学的科学原则，实际上完全是建立在因果律之上，并假定因果律完全不存在任何例外的情况。这意味着，心理学研究的必要条件

---

① 译者注：赫尔曼·洛采（Hermann Lotze），又译为赫尔曼·陆宰。德国心理学家、哲学家，价值哲学创始人。洛采的思想对19世纪后期与20世纪初期的西方思想产生了广泛影响。

是，将彻底排除人类自由意志的“决定论”作为基本假设。

基于此，我们显然不能设定一个适用因果律的明确边界，说：“到此为止，不能再进一步”。因果律适用范围，必将延伸扩展到人类思想的顶峰。我们必须承认，每一位最伟大的天才的头脑——亚里士多德、康德或莱昂纳多、歌德或贝多芬、但丁或莎士比亚——即使其思想达到顶峰或心灵最深处的所有思维活动，都遵循因果关系法则，而且都只是统治世界的全能法手中的一件工具。

普通读者可能很容易为这样的说法感到吃惊。如此谈论人类顶峰的、最高贵的创造性成就，可能听起来略带贬义。但另一方面，我们必须记住，我们自己只是普通的凡人，我们永远不能妄想试图能够进入天才的心灵深处，去仔细观察原因和环境的微妙变化。说这些天才受制于因果律并没有任何贬损的意思。不过，如果解释为，常人也能够像极具天赋的天才那种模式来应用这一法则，这才是具有贬损的意味。如果有人说某个超人智慧可以理解歌德或莎士比亚，没有人会觉得这是不尊重。问题的关键在于观察者不具备相应的能力。正因为如此，宏观物理学家完全无法在自然现象中探求微观运动，然而，正如我们所看到的，这并不意味着因果关系定律对这些微观事件无效。

那么，这里可以问一下，对于世界上没有人能够追踪其功能的情况，谈论确定的因果关系的意义在哪里呢？

这个问题的答案很简单。正如我们一再说过的，因果关系的概念是具有先验性质的，它是不以存在研究者为前提基础而独立存在的，即使根本没有知觉的主体，它也是有效的。如果我们考虑以下概念，我们将更清楚地看到因果概念的内在意义：

在当前的宇宙时空范围内，我们人类智力可能不是现存最高的智力水平。更高的智能可能存在于其他空间，也可能出现在其他时代。就像我们的智力水平比动物高一样，这些生物的智力水平可能比我们高。是否就像天文学家用天文望远镜追踪星球各种运动之间的联系一样，这种超级智慧的眼睛可以敏锐地洞察人类瞬间的思考或者人类大脑神经中最微小的振动等所有每一种情况。这种智慧可以证明，我们人类天才的创造性思维是完全遵循因果律这个恒定不变的规律。

在这里，与其他地方一样，我们必须将因果律的有效性与其应用的实用性进行严格区分。由于因果律具有超越性，因此其在任何情况下都是有效的。但是，由于自然科学中，它只能由微观科学研究者进行全面详细的应用，因此，在人类思维领域中，这一规律应用者的智能必须远高于其研究对象。在这种情况下，研究者与研究对象之间的智慧差距越小，则对因果关系的严谨论述就越不确定，也越容易出错。整个问题在于，我们试图从因果关系的角度去理解天才的行为，这是很困难的，甚至是不可能的。即使是最心心相通的人也只能采用假设或类比的方式。但对于普通人来说，天才永远都是一本无字真经①。

因此我们的结论，第一，人类最高层次的智力在其取得最大成就的过程中，也都是严格地遵循了因果律。第二，原则上我们必须考虑到有一天，科学研究发展得更深入、更精细，不仅能够理解普通人的而且能够理解人类天才的思维活动中的因果关系。因果关系中的人类天才，因为科学思维和因果关系思维是完全一致的，所以每一门科学的终极目的，就是要把因果律充分而完整地应用到研究对象上。

根据我所说的一切，关于自由意志，我们可以得出什么结论呢？在因果关系普遍存在的世界中，怎么会还有人类自由意志存在的空间？这是一个重要的问题，尤其是在当今存在着一个普遍的趋势，即毫无根据地将科学决定论的范围扩展到全人类行为，从而将责任从个人肩上推卸掉。在一些现代历史发展的诠释者身上就可以发现这样的例子，他们认为，组成一个国家或文明等人类群体的命运，是由盲目的命运所决定的。因此，归根结底，这

① 译者注：原文 the genius will ever remain a closed book signed with the seven seals——（Seven Seals），七个封印，是基督教圣经《启示录》中提到的一组物品。在启示录中，一只羔羊被认为值得打开一本用七枚封印封住的书或卷轴。每一枚封印都沉淀了一个启示性质的事件。对于那些把《启示录》当作字面真理的人来说，这些事件和七个封印的开启，标志着地球上人类生命最后终结的开始。

种命运的责任不在于个人。这种态度是我所说的一切的合理推论吗？换句话说，在自然现象的整个因果链中，个人的自由意志和负责任的行为还有空间吗？

在直接回答这个问题之前，我可以指出日常生活中的一个显著特征，这将有助于我们作出决定。虽然，从根本上已经将绝对的偶然性和奇迹排除在科学之外，但今天的科学，可能比以往任何时候都更加普遍地相信奇迹和神力的存在。这种信仰在古代是如此普遍，但随着几个世纪的流逝，它以无数形式重复出现。这意味着，科学被反复要求，要对被某种信仰普遍认定的事实给出科学的因果解释。相信奇迹，是人类文化史上一个非常重要的因素。它带来了数不清的祝福，激励着高尚的人们做出最伟大的英雄事迹。但是，它也已经演变成狂热的原因，它也是数不清的邪恶的根源。

鉴于我们这个时代物理科学的显著进步以及它在文明国家中的普遍益处，我们自然以为遏制对奇迹的迷信将是科学的成就之一。但事实似乎并非如此。相信神秘力量的倾向，仍是我们这个时代的一个突出特点。这表现在神秘主义和唯灵论及其无数变种的流行上。尽管科学的非凡成就如此明显，几乎达到了路人皆知的程度，但无论是否受过良好教育的人，都往往会为了了解生活中的寻常问题而去求神问卜。人们可能会想当然地认为，相信科学的人数应该比以往要更多，那些对科学抱有更强烈兴趣的人群，应该会更多地求助于科学。但事实仍然是，如果非理性吸引力没有变得更大的话，至少和以往一样强大和广泛。几年前成立的“一元论者联盟”①，号称是为了推广建立在纯科学基础上的世界观，曾一度非常辉煌②和充满希望，但它肯定没有取得与其竞争的思想或信仰体系那样的成功。

如何解释这个匪夷所思的事实现象？归根到底，不管它的外在形式是多么奇怪或不合逻辑，这种相信奇迹的信念，是否有一些基本可靠的支撑点？在人的本性中，在某种内心世界里，是否有科学无法触及的东西？难道当我们接近人类的内在本源时，科学就无能为力了吗？或者，更具体地说，是否存在一个临界点，因果关系思维将止步于此，科学也无法超越？

这就把我们带到了关于自由意志问题的核心。我想，我刚才提出的问题会自动给出答案。

事实是，在无法衡量的精神和物质世界里，终将有一个点，一个固定的点，在这里，科学和所有因果研究方法都不适用——不仅是在实践上，而且在逻辑上，永远都是不适用的。这一点是个

① 译者注：原文 The Monist League，一元论者联盟。

一元论者联盟起源，海克尔于1899年出版的畅销书 *Welträtsel*（《宇宙之谜》）中将社会达尔文主义介绍给更多读者，此书构造了一种自然现象与渲染浪漫和符号象征的神秘主义的大杂烩，并催生了1904年建立的“一元论者联盟”。

② 译者注：原文 éclat 法语，斜体字。

人的自我。它是整个宇宙中一个微不足道的点，但它本身又是一个完整的世界，包含着我们的情感生活、意志和思想。这个自我的领域，既是我们最深痛苦的来源，同时也是我们所有幸福的源泉。在这个领域里，没有任何命运以外的力量可以左右我们，只有我们放弃了生命本身，才随之放弃了对自己的控制和责任。

然而，有一种方法可以将因果律应用在这个内在领域。原则上，个人不得不让自己成为自己心理活动的观察者。他可以回顾他自己过去的经历，并努力将它们联系起来形成因果关系。事实上，至少在原则上，他必须仔细地体察每一次经历，并从中发现其产生的原因——其中“每一次经历”我指的是，他所做的每一个决定和行为。当然，这是一项极其艰巨的任务，但这是我们体察自己内心生活的唯一可靠的科学方法。为了保证取得令人满意的效果，我们现在最好是回忆体察已经过去了一段时间的生活事实，这样才能避免，我们现在复杂的生活情感或倾向，成为影响观察结果的因素。如果我们能够以这种超然的方式，那么我们人生过往的每一次经历，都会使我们比以前更加聪明。与我们之前的情况相比，应该聪明到无以复加，我们应该达到拉普拉斯①所假设的那种超级智慧的水平。

① 译者注：拉普拉斯（Pierre-Simon Laplace，1749—1827）是法国分析学家、概率论学家和物理学家，法国科学院院士。

你是否还记得拉普拉斯曾经说过，如果有一种超级智能完全站在宇宙发生的事实之外，这种智能将能洞察人与自然世界的所有事件中的因果关系，即使是最复杂和细微的。只有相隔一定距离，个体才能建立起作为感知主体与研究对象之间必要的区分，我们已经知道，这是在研究中应用因果律的一个必要条件。我们离事件越近，追踪其因果关系就越困难。在时间维度上，我们离自己亲身经历的事件越近，就越难根据这些事件来研究自己——因为观察者自身的活动，在一定程度上就是研究对象。因此，实际上是不可能有效建立因果关系的。我不是在这里宣扬道德说教，也不是在暗示，为了提高一个人自身的道德修养，应该着眼于什么。我纯粹只是从自由意志与因果关系的逻辑一致性的角度，来研究意志自由的问题。我的意思是，原则①上，我们没有理由不在自己的个人意志中发现因果关系。在实践中，我们却永远无法做到这一点，因为这将意味着观察者也将成为研究对象。这是不可能的，因为没有人能看见自己。但是，一个人只要与若干年前的自己不一样，他就可以审视自己的经历，是否在某种程度上或多或少地遵循了因果律。我提到这一点是为了说明因果关系的普适性。

许多读者会问，就因果链而言，意志自由在此时此地是否只是

① 译者注：原文 principle，斜体字。

表象，仅仅是我们自身理解的缺陷造成的一种表象。我相信，这种说法是完全错误的。我们可以认为这就像是另外一个谬误：一个人认为是因为他跑步的速度不够快，所以无法甩开自己的影子。事实上，关于个体自身此时此地的行为，不受因果律的影响，这是一个基于先验性的完美逻辑基础的真理，这就类似于“部分永远小于整体”的公理。即使是拉普拉斯假设的超级智能，也不可能思考判断自己此时此刻的活动是否严格遵循因果关系。因为这种超级智能，即使他能够分析天才的最高成就中的因果关系，他也必须放弃，在分析人类自我意志同时，研究其自身自我活动的想法。如果有一种无限超过我们智慧的超级智慧，它能看到我们脑海中的每一次思索，能听到每一个人的每一次心跳，那么，这种至高无上的智慧，理所当然能看到我们所做的每一件事中因果关系的连续性。但这丝毫不会影响我们对自己的行为负责。从这个角度来看，我们与最崇高的圣人或忏悔者处于平等的地位。我们不可能研究在当前或任何特定的环境中的自己。在这里，出现并形成了意志自由，而且除此以外不会产生任何影响。因此在确认意志自由后，即便我们可能同时是世界上最严格的科学家，也是因果律的最坚决拥护者，我们依然可以在自己的精神领域中，自由地构建任何我们喜欢的奇迹。对奇迹的信仰，正是从这种自我意识中产生的，正是这种根源，也是我们对生命的非理性解释有着普遍信仰的原因。在科学进步的同时，依然存在这种对奇迹的信仰，这很好地证明了，“自我意识”是不受本书所指的因果律的任何影响。我可以用另一种方式表述：此时此刻的意志自由，以及它对因果链的独立性，是一个由人类意识直接决定的事实。

未来的行为受到我们当前自我的影响，对我们当前有利的东西，也对我们自己的未来有益。通往未来的道路总是从现在开始。当前自我是未来的重要组成部分。因此，个人永远不能简单地、彻底地仅仅从因果关系的观点出发，来考虑他自己的未来。这就是为什么幻想在对未来的构思中，扮演着如此重要的角色。正是认识到这一深刻的事实，人们才会为了满足他们对自己未来的好奇心，而去求助于手相师或占卜。梦想和理想也是基于这个事实，这是人类最丰富的灵感来源之一。

我在此顺便提一下，因果律无效范畴不局限在个人本身。它扩展覆盖到了我们与同胞之间的关系。从因果关系角度出发，我们是我们同胞生活的一部分，因此无法从动机的角度来研究他们。任何常人都不能将自己想象成为具有拉普拉斯设想中的超级智能，并认为自己有能力追寻其他所有人行为的一切内在起源。然而，另一方面，我想在这里再次提到因果律应用的一个阶段，这是对应于我已经谈到的，与个人对自己过去经历进行科学观察的能力有关的那个阶段。就像心理学或心理学家一样，在一定程度上，研究他人行为的动机是可能的。在此种情况下，研究者应该与其研究对象之间保持一段必要的距离。因此，在这个程度上，一个人研究他同伴行为的想法，是不存在逻辑上的矛盾。事实上，所有希望影响他人的人，在日常生活中都是这样做的，这在很大程度上是政治成功的秘诀。这就是许多人在与他人交往时，所运用到的一切行善力量的秘密。我们中的大部分人都会有对于童年时代某些人的记忆，我们会因为他们在场，而感到某种与生俱来的不安全感，进而会去逃避；而另一方面，我想，我们也会都记得一些熟人，因为我们对他们感到某种尊重，我们乐于接受他们的影响。每个人都或多或少地熟悉，当怀疑某个具备洞察他人的内心活动能力的人在场时，会产生一种退缩的感觉。所有这些反应，都证明了一种本能的认识，即承认尽管瞬间的自我意志是不受因果关系影响，但整体上，我们自己的生命归根结底是受因果关系支配的。

科学因此把我们带到了“自我”的开端，它把我们扔在这里就置之不理了，它把我们交由其他人看管，任由我们自生自灭。在我们自己的生活中，因果律对我们几乎没有任何助益。如果根据“逻辑一致性”这条铁律，我们就不能基于因果律，在当前为自己的未来奠定基础，或者我们无法对未来有所预期、展望，因为未来肯定是由现在产生的。

但是人在日常生活中需要对未来有一些基本的假设，这种需要远比对科学知识的渴求更为迫切。对一个人来说，他切身的一件事，往往比世界上所有的智慧加在一起的总和更有意义。因此，不仅仅需要科学思维作为指导，还需要其他的指导原则。虽然，因果律是科学的指导原则；但是，“绝对命令①”，也就是说，责任、义务也是生活的指导原则。在这里，智力必须让位于品格，科学知识必须让位给信仰。我在这里所说的“信仰”，指的是这个词的基本含义。提到这一点，就想到了一个备受争议的问题，即科学与宗教之间的关系。处理这个问题既不是我的研究范围，又远超出我的能力范围。信仰与科学之间是相对独立的，不受因果律的支配。无论信仰的形式如何，只要它不反对科学公理，不反对科学研究所依据的基本规律，那么，科学家必须承认信仰本身的价值。关于信仰与科学之间的关系问题，我还可以说，那些对生活持虚无主义的迷信，是与科学观不协调的，是与科学观的原则相矛盾的。对生命本身价值的否定和对自身价值的否定，都是对人类思想世界的否定，因此归根结底是否定科学和信仰的基础。我认为绝大多数科学家都会同意这一点，并举双手反对虚无主义，认为它破坏了科学本身。

科学和信仰之间永远不可能是真正对立的，因为两者互为补充

---

① 译者注：绝对命令（the Categorical Imperative），是德国哲学家康德用以表达普遍道德规律和最高行为原则的术语。其表述形式有假言和定言两种：假言命令是有条件的，定言命令是无条件的必须执行的。

的。我认为，每一个深刻思考过的人都意识到，如果人类心灵的所有力量，都是在完美的平衡与和谐中共同行动的，那么，他天性中的信仰元素就必须得到承认和培养。一个并非偶然的事实是，所有时代最伟大的思想家，也都是虔诚的宗教信徒，尽管他们或许没有公开表达自己的宗教信仰。正是在体察与意愿的合作中，才孕育了哲学中最甜美的果实，即伦理。科学提高了人生的道德观念，因为它促进了对真理的热爱和敬畏——对真理的热爱表现在我们追求对精神世界和物理世界的更确切认知的不懈努力中。对真理的崇敬，是因为科学知识的每一次进步，都使我们更加直接地了解了自身存在的奥秘。

第六章

从相对到绝对

我希望读者不会被这个标题吓走。如果我能找到一个更贴合于我所要表达意思的术语，我应该更换掉现在这个。但是，这个标题是我能找到的最能表达出我希望表述科学发展的一个突出特点。这一特点，是近百年来物理学发展的显著特点：进步的路线都是从相对到绝对。我们不必过多纠缠于这些词在当今科学或类科学[①]用语中的含义。我使用它们并没有任何特殊的地方，就像普通人在日常生活中使用它们一样。而我们在这里所要阐述的，最好是通过能代表其意义的事实来清晰准确地阐明它们的意义。

让我们从讨论化学中最基本的概念之一“原子量”开始。“原子”的概念可以追溯到古希腊哲学家时代。事实上，这个词本身在古希腊语中的意思是“不可分割的”[②]。然而，测量原子量的技术，可以追溯到化学计量学的一个基本原理的发现。顺便说一句，化学计量学（Stoichiometry）是另一个希腊词汇，意思是“估算化学元素的科学”。现在，我所提到的化学计量学原理，是指所有化合物的原子量，都是由化合物中一种元素和另一种元素的重量之比计算的。例如，1 克氢与 8 克氧结合，形成了水分子；如 1 克氢与

---

① 译者注：原文 semi-scientific。

② 译者注：原文 that which cannot be divided，斜体字。

留基伯是古希腊爱奥尼亚学派中的著名学者，他首先提出物质构成的原子学说，认为原子是最小的、不可分割的物质粒子（“原子”这个词本身就是不可再分割的意思）。

35.5 克氯结合，生成的化合物是盐酸。如果我们以 1 克氢作为计量单位，我们说氧在水分子中的化学当量[①]是 8 克、氯在盐酸中的当量是 35.5 克。因此，对于每一种化合物中的每一种化学元素，它可以与另一种元素比较计算，我们得出它的当量。当然，选择将“氢原子”作为测量的基本单位，从这个意义上说[②]，它有点过于“随意”。然而，这还不是全部。它的有效性仅限于能够与氢合成形成化合物的那些元素。例如，氧的当量为 8，仅在表述在水分子（H_2O）中的氧原子有效。如果我们用“过氧化氢（H_2O_2）”代替水，那么氧原子的当量则是 16。理论上，无论如何都没有理由只选择这两个当量数值中的一个，而不是另一个。因此，一般来说，每个元素都有不同的等效重量。原则上，它可以有多少个组合，就会有多少个等效重量。如果有一个元素不是一个化合物的构成元素，那么它就没有可以确定其等效重量的参考系。因此，一个有趣的事实是，当一种元素与另一个元素形成不同化合物时，

---

① 译者注：原文 equivalent weight，斜体字，当量、等效重量；换算重量——化学当量，泛指化学方面的当量术，是指当量值与特定或俗称的数值相当的量，表示元素或化合物相互作用的质量比的数值。

② 译者注：因为前文“化合物中一种元素和另一种元素的重量之比”，是指构成化合物的元素 X 与构成该化合物的元素 A 之间的比较，即，所比较的 2 个元素都是来自于同一个化合物——而选择氢原子，是指不是所有化合物中都含有氢原子。

——元素的当量，是该元素与 8 个质量单位的氧或 0.008 个质量单位的氢相化合（或从化合物中置换出这些质量单位的氧或氢）的质量单位（用旧原子量）。

该元素的当量都是与其等效重量整数倍的关系。这就是所谓的“倍比定律”，它指出，每当两个元素有一个以上的化合组合时，与一定量 A 元素相化合的 B 元素的质量必互成简单的整数比关系。因此，当量为 35.5 的氯，不仅可以与 1 克氢化合成盐酸，还可以与 8 克氧化合生成氯氧化物。因此，有一些关键数字[①]可以用来描述各种化合物中各种元素的比例。更简单地说，在每种化合物中，每种元素的等效重量可以用一个固定的数字表示，或者用这个数字的 2 倍、3 倍、4 倍或 5 倍来表示，依此类推。除非我们要把无穷多种类的化合物，都毫无例外地呈现出完全符合这种极其简单而有规律的情况，归结为某种不可思议的偶然。否则，我们都必须承认，不论某个元素与其他元素的任意组合，当量的概念必须被认为具有独立的意义。因此，从某种意义上说，“同一元素重量相同”必须被视为是绝对的。

这就是现实世界中发生的事情。化学中一个长期不能解决的难题是这样产生的：由于元素的化合价不是恒定的，因其与其他元素结合的不同比例而变化，例如不同比例的氢与氧分别可以组合成水和过氧化氢，因此人们可以将 8 或 16 作为氧的当量。直到引入了一种与化学计量学不同的新标注方式，这一困难才得以克服。这一方

---

① 译者注：原文 key numbers，斜体字。

式包含在阿伏伽德罗定律①中，阿伏伽德罗定律是建立在盖 - 卢萨克②发现的基础上，即在相同的压力和温度下，相互结合的两种元素不仅重量比是一个固定的比例，而且两者的体积比也是固定的比例。阿伏伽德罗定律指出“同体积的气体，在相同的温度和压力时，含有相同数目的分子”，也就是说，对于所有气体，1 克分子的体积都是恒定的。因为发现两种气体的分子量与其密度的比是恒定不变的，可以在每个元素在不同化合物中多个不同的当量中，选择一个固定值，称之为“原子量”。这里不再有任何化学反应的问题，只有化学物质的问题。因此，该规则可适用于诸如惰性气体这样难以或不可能与其他物质化合的元素。

根据阿伏伽德罗定律，通常进入化合物分子的不是化学元素原子的全部重量，而仅是其中一部分重量进入化合物分子。例如，水分子的重量是一个完整的氢原子和半个氧原子的重量之和，而盐酸分子的重量是半个氯原子和半个氢原子的重量之和。因此，从分子

---

① 译者注：阿莫迪欧·阿伏伽德罗（Amedeo Avogadro，1776 年 8 月 9 日—1856 年 7 月 9 日），意大利物理学家、化学家。全名 Lorenzo Romano Amedeo Carlo Avogadro di Quaregua。阿伏伽德罗的重大贡献，是他在 1811 年提出了一种分子假说：“同体积的气体，在相同的温度和压力时，含有相同数目的分子。”这一假说被称为——阿伏伽德罗定律。

② 译者注：约瑟夫·路易·盖 - 吕萨克（Joseph Louis Gay-Lussac，1778 年 12 月 6 日—1850 年 5 月 9 日），法国化学家，法国科学院院士。广为流传他的科学名言是“老师，是您错了。”他发现了：在所有参加反应的气体体积和反应后生成的气体体积之间，总是存在着简单的比例关系。由此发现了一个重要的基本化学定律——气体化合体积定律。

量我们可以得出元素的原子量，它是元素组合中最小的部分。这个原子量表示每种物质的相对重量。

原子量的概念，在阿伏伽德罗定律中虽然具有一定的绝对意义，但同时也是一个相对的概念①。阿伏伽德罗原子量只是一个相对值。因此，某一具体元素的原子量，只能以其与某些特定元素（如氢 = 1 或氧 = 16）的原子量的比值，才能确定，否则无法确定。如果没有类似这样的给定术语，描述原子量的数字就没有意义。因此，长期以来，化学研究人员一直致力于将原子量的概念，从这一困境中解放出来，并试图赋予它更广泛、更绝对的含义。然而，这个问题对于实验化学家来说并不是很重要，因为在物质的化学分析中，总是存在形成化合物的各种元素之间的相对比例问题。

在每一门科学中，偶尔会发生持有两类不同原则的人之间的冲突，我可以分别将他们称为纯粹主义者和实用主义者。前者总是努力推动其研究的科学公理更加趋于完美，使之接受越来越严格的分析，以消除一切偶然的或外来的影响因素。另一方面，实用主义者试图通过引入各种新思维，来扩大或增加基本公理，为此他们向各个方向进行探索，以求取得突破。他们更关注的是能否实现预期的

---

① 译者注：原子质量分为绝对原子质量和相对原子质量。相对原子质量是原子的相对质量，即以一种碳原子质量的 1/12 作为标准，其他原子的实际质量跟它相比较，所得的数值，就是该种原子的相对原子质量。

研究目标，而并不介意探索过程中的组合是否纯粹。在化学领域的科学家中也有一些是纯粹主义者，他们认为“原子量是一个相对数值的概念”更为切合，反对以任何形式将原子量的概念扩大到相对数值之外的概念。但也有一些著名的化学家发现，机械物理学定义的原子概念是更为实际可行，也就是说，把原子看成是微小的、独立的粒子，在分子中的位置是确定的和可测量的，同时可随分子的化学变化而分开或重新组合。19 世纪 80 年代初，我在慕尼黑大学学习的时候，在大学实验室里激烈的争论给我留下了深刻的印象。当时莱比锡大学的赫尔曼·科尔柏教授①是过于追求纯粹化学的科学家们的意见领袖，他不能容忍机械物理学对原子的定义，而这种定义已经成为解释各种物质构成的相关化学公式的基本理论。每当依据这个基本理论所开展的科学研究进展缓慢时，他通常会更加强烈地反对采用该理论。在这种情况下，阿道夫·冯·拜耳②的做法

---

① 译者注：阿道夫·威廉·赫尔曼·科尔柏（德语：Adolph Wilhelm Hermann Kolbe，又译柯尔伯、柯尔贝、科尔被，1818 年 9 月 27 日—1884 年 11 月 25 日），德国化学家。德国研究领域有机化学著名成就柯尔贝电解的提出者。他通过修改自由基理论，他对奠定结构化学的基础做出了贡献。科尔柏最早使用“合成”（synthesis）这个词表示现代意义上的有机合成。他提出了一种合成水杨酸的反应，被称作科尔柏－施密特反应，这一反应被广泛用于阿司匹林的合成。

② 译者注：阿道夫·冯·拜尔，全名约翰·弗雷德里克·威廉·阿道夫·冯·拜尔（Johann Friedrich Wilhelm Adolf von Baeyer，1835 年 10 月 31 日—1917 年 8 月 20 日），也称：阿道夫·冯·贝耶尔，德国化学家，因成功分析出吲哚的结构而获得 1905 年诺贝尔化学奖。

非常明智，他在努力获得成功之前一直保持沉默。

最近，尼尔斯·玻尔提出的原子模型引起了巨大争议，也再次出现了以往的类似情况——这一模型的提出，确实要求正统理论家要做出比早期化学关于原子结构假设更大的让渡。

在哲学方面，也有长期持反对原子论态度的纯粹主义者。其中，恩斯特·马赫①是这一论点最具影响力的代表。在他一生中，对于当时那些尚不成熟的原子论基本观点，他似乎从未厌倦过将概念分析作为诋毁武器，偶尔也会嘲讽。他坚信，旧原子学说的复兴或以现代形式对其进行修饰，代表着一种倒退，是阻碍而不是帮助现代物理学哲学的发展。

路德维希·玻尔兹曼作为原子物理学家的主要代表，敢于坚持自己的立场并试图反对马赫。但对于他来讲这将是相当困难，因为纯粹主义者坚持自己的推理逻辑。马赫所代表的是坚持从现有已知的公认科学原理中进行逻辑推理，而玻尔兹曼所代表的实用主义科学家则更注重开拓新领域，为了打开僵局，他必须打破旧有体系的

---

① 译者注：恩斯特·马赫（Ernst Mach，1838—1916 年）奥地利－捷克物理学家、心理学和哲学家。马赫数和马赫带效应因其得名。马赫造就了在 20 世纪颇有影响力的科学哲学，认为科学定律就是实验所得事实概述，造了出来为的就是让人更容易理解复杂的数据。故说科学定律同现实的联系倒不如同思维的联系密致。马赫同意玻尔兹曼的哲学，却反对他和其他提倡物理学的原子理论的人。马赫直接地影响了维也纳学派的逻辑实证主义。爱因斯坦誉其为相对论的先驱。

逻辑路线。实用主义者必须一次又一次地面对失败，并始终以开放的心态接受正统派“我早就告诉过你了”的嘲讽。清教徒反对的是从外部引入更新的理论推理或定理假说，尤其是那些还没有在实践中被验证证明过的理论推理。当然，没有一个理论推理或定理假说，可以像帕拉斯·雅典娜诞生于宙斯头部那样①。每一个最终被证明是合理的，并且有科学价值的假说，最初都只是在其发明者头脑中一个模糊不清的念头。某天早上，当阿基米德从浴缸里跳出来喊“尤里卡”② 的时候，他显然还没有想出测量物体比重的整个原理，毫无疑问，肯定也会有一些人对他的第一次尝试嗤之以鼻。这也许就是为什么大多数科学先驱，在其坚信已经迈上了通向一个科学新发现的轨道时，却迟迟不肯透露他们得到最初见解的根本原因。过早地透露尚不成熟的设想，对任何一个不得不痛苦而艰辛地跟随自己本能的人来说，都不是一个很明智的选择。因为他们要在不断失败又继续百折不挠探索的同时，还不得不面对纯粹主义者群起而攻之的嘲讽和质疑。物理科学中的每一个假说，都要经历一段十分艰难孕育和探索验证的过程，然后才会被以完整的科学形式公之于世。

---

① 译者注：是暗喻，指一次就完整的脱胎，而没有任何验证、修改、完善的过程。

② 译者注：原文 Eureka 尤里卡，古希腊语，意思是：“好啊！有办法啦！”后又将灵光一现的时刻，称之为“尤里卡时刻”。

这样一来，在应用它时，它就可以是不证自明的定理了。

即使一个科学理论，已经经过试验验证和应用得以成立，但也往往需要很长时间才能得到纯粹主义者的认可。这是因为一个全新物理理论的成立与否，不能仅仅根据它是否与现有公理在逻辑上的一致性来决定，而是要通过检验它是否解释和协调了某些已经确定的事实，而这些事实除了这个新的科学假说之外，没有任何其他理论可以科学地解释。当然，纯粹主义者总是可以用偶然性等古老陈腐却又难以辩驳的理由，加以反驳驳斥。他们中，永远会有部分人一直抱有这个不认可的态度，而也会有另一部分采取中间立场，他们会有条件地承认假说成立，同时这些实用主义者发现，如果提出的这个假设已经为某些困惑给出了一个明确的解决方案，那么他会认可该假说的成立。他不再向后看，而是看向未来，以期发现这一假说是否也适用于其他方向。例如，量子假说的命运就是如此：它最初是用来解释长期存在的热辐射之谜，但在爱因斯坦手中，很快将其用于解释光的构成，在尼尔·波尔手中，它被用来解释原子结构。

正是这样，绝对原子量①才最终得以确立。在这里，我不必过于详细赘述确定绝对原子量是经历了多么复杂的研究路径和发现过

① 译者注：原子质量分为绝对原子质量和相对原子质量。绝对质量指的是 1 个原子的实际质量，也可以叫作原子的绝对质量。

程。类似的情况，我还可以举出不少例子，诸如气体和流体动力学理论的发展，热辐射和光辐射的定律，阴极射线和放射性的发现，以及基本电量子的测量。今天，撇开不可避免的测量误差不谈，没有物理学家会质疑这样一个事实：一个氢原子的质量约等于1.649万亿分之一克①。这个数值是完全独立于其他化学元素的原子量，从这个意义上说，它可以称为绝对原子量。

当然，所有这一切都已经是科学常识了。我在这里提到它，是为了说明科学研究发展的一个特点。下面这种现象依然会经常出现：公理是每个科学部门都使用的工具，同时每个部门又都有纯粹主义者，他们坚决反对将公理扩展到其逻辑应用范围之外。

我现在将要提出另一个可供参考的案例。但这绝不是像我刚才所谈到的那样简单，事实上，它仍然是争论的焦点。

让我们从能量的概念开始。科学术语中“能量”代表作用在物质上的力能做的“功”。能量守恒定律是19世纪中叶提出的，是从牛顿力学中“力”的概念发展而来的。当时认为根据能量守恒定律，在每个机械运动过程中，作用力转换为运动物体中的能量，是由作用力部分的势能损失所提供的。因此，人们认识到两种能量，

---

① 译者注：当时受科学测量仪器精度有限，有一定误差。1个氢原子的绝对质量为1.6736×10^{27}千克，相对原子质量约为1。

即势能和动能，前者是静止物体所拥有的能量，后者是运动物体的能量。没有能量的损失，只是从一种能量到另一种能量的变化。一种能量如势能的损失，会全部转变为另一种能量如动能的增加。在这方面，纯粹主义者可能会合理地认为，能量守恒定律所表述的只适用于能量的差异，能量的概念并不是指一个物体的状态或者在科学语言中所说的物理系统的状态，而是指该状态的变化。因此，能量的数值仍然是一个不确定的附加系数。它的测量问题在物理科学中毫无意义。它与物理学家的关系，类似于建筑师与房屋所在海拔的关系。后者不必为海拔高度而费心，他只需要考虑房子本身的高度以及房子各个楼层的高度。这就是纯粹主义者可能会提出的反对意见。

如果能量守恒定律是物理学中使用的唯一公理，那么他的观点可以说是比较合理的。但事实并非如此。因此，我们不能立即否定这样一种可能：即如果能够使某个具体的物理系统状态因此得以被完全确定，那就可以在能量概念中引入另一个公理。我们是否能做到这一点，答案很明显——能量的概念，可以通过将其他理论纳入在能量守恒定律而得到简化。事实上，这正是今天所做的。对处于给定状态的任何物理系统，我们都可以用一个公式准确地表达其能量数值，而不需要任何额外的附加因子。

我们首先讨论真空中的电磁能。有一个公理确定了这种能量的绝对值。它表明中性电磁场的能量等于零。这个定律本身既不是显而易见，也不能从能量守恒原理直接推导出来。就在几年前，能斯特[①]提出了称之为“零辐射”的假设，即在所谓的中性电磁场是存在着某种数量巨大的静止能量辐射。因为它是无差别传导给所有物体，所以常规方法无法检测它的存在。正如大气压力是一种非常重要的力，因为它在所有方向上都是相同的，因此它在日常中的大多数运动中不起任何作用。这个“零辐射”假说，在理论上是完全合理的，其是否能够成立只能由其应用的结果来决定。绝对有必要为这种应用提供一个固定的专用参考系，即零辐射在所有方向上相等的参考系。通过中性电磁场的绝对能量，推导出其他电磁场的绝对能量。

现在来讨论物质的能量，我们也应该可以得到一个确定的绝对值。但是，与中性电磁场的类比，并不能将静止物体的能量假设为“零”。“静止物体的能量，等于其质量乘以光速的平方[②]”。这就是所谓的物体静止能量，是由物体的机械结构和温度确定的。如果物体在运动中受到某种力的作用，那么这个能量值将是巨大的，之所

---

① 译者注：能斯特（Walther Hermann Nernst，1864 年 6 月 25 日—1941 年 11 月 18 日）是德国卓越的物理学家、物理化学家和化学史家，热力学第三定律创始人并因此获得了 1920 年诺贝尔化学奖。提出了电极电势与溶液浓度的关系式，即能斯特方程。

② 译者注：爱因斯坦《狭义相对论》中的著名“质能方程”，$E = MC^2$。

以人无法感觉到，是因为这里的运动只产生于能量的转化。这样的概念绝不可能从能量守恒定律本身推导出来。事实上，它来源于狭义相对论，而正是相对论给出了物理系统能量的绝对值，这是一个惊人的巧合。这个明显的悖论可以用一个简单的事实来解释：在相对论中，存在着对所选参考系的依赖性问题，而在这里，存在着对被观察物体的物理状态的依赖性问题。

纯粹主义者可能会问："说'一个氧原子的能量比一个氢原子的能量大16倍'，这听起来不是很荒谬吗?"我们可能会回答说，如果我们不顾"假设氧气可以转变为氢气"思想本身不存在逻辑矛盾，那么这种说法并没有任何不妥。但是，"当条件符合时，氧可以变成氢"的想法本身，并不存在任何逻辑矛盾。现在在这些问题上，除非能证明它在逻辑上是不连贯的，否则轻易就把某件事说成是荒谬的，这本身就是错误的。因此，更明智的做法似乎是等待，看看是否有一天可以实现氧气转化为氢气。已经有迹象表明，这一种转化即将到来。

就像电磁能和动能一样，在物理、力学和电动力学的所有部门，运动已经从研究能量差的比值，转向研究能量的绝对值。这一方向上的转变，将引发重大的突破。例如，在考虑热辐射现象时，传统理念只研究吸收和辐射之间的能量差，因为物体吸收着所有热辐射，同时也在对外放射。但在普雷沃斯特的理论中，这两个过程是相互分离的，每个过程都有独立的含义。在研究电流时，仅测量电位差，但是因为无限远处所有电荷的势能都被定义为零，也定义电势的绝对值。对于光离子的单色辐射，对发射频率的测量仅能给出发射前后原子能的差值。但是，尼尔斯·波尔和阿诺德·索末菲进一步研究发现解决这个谜团的线索，首先区分识别出造成这种差值的两个因素——是一种科学术语，然后对这两个因素分别进行研究，尼尔斯·波尔研究可见光，阿诺德·索末菲研究伦琴射线。

然而，不仅仅是在研究能量问题时，从微分到积分的过程才是物理科学的特征。我们发现在物理研究的每一个分支都表现出这一特征。因此，旧的物体能量弹性理论现在被称为表面力。在电动力学中，电磁场的动量交换被称为所谓的“麦克斯韦应力张量”。热力学中的温度和压强测量，被分解成“热力学势”。在每一种情况下，这一进展都标志着理论物理学发展的一个新阶段。

但有一个更值得密切关注的演进正在进行，它仍然处于一个悬而未决的阶段。这就是试图发现“熵”的绝对值。鲁道夫·克劳修斯①首次提出的“熵”的定义，如果我们要测量一个物体的熵，就

① 译者注：克劳修斯，全名鲁道夫·尤利乌斯·埃马努埃尔·克劳修斯（Rudolf Julius Emanuel Clausius，1822 年 1 月 2 日—1888 年 8 月 24 日），德国物理学家和数学家，热力学的主要奠基人之一。也把他和麦克斯韦、玻耳兹曼一起称为分子运动论的奠基人。克劳修斯在 1867 年发表的论文中首次提出了“熵”的概念。

必须有某种可逆过程，使我们能够测量确定这个过程的初始状态和最终状态之间熵的数值之差。根据这一理论，熵的概念最初不是指状态，而是指状态的变化，这与原子量和能量的情况完全相同。事实上，在早期的科学概念中，只有在可逆过程中，熵的概念才具有物理意义。然而，没过多久，一个更广泛的概念就被提出了，熵开始被视为给定的物体状态的一种特征或内在性质。然而，以这种新的方式来看，人们只能测量熵的差值，仍然存在一个未定义的常数。如果我们遵循爱因斯坦的建议，将熵的概念，建立在热力学平衡状态时的物理图像所呈现出波动的统计定律的基础上。即使这样，我们也只能测量得到熵变化之间的差值，而不是熵本身的绝对值。

那么，就像能量的绝对值一样，我们有没有办法可以发现熵的绝对值？我不认为将这两种情况进行类比能够回答这个问题。当这些建议出现时，我更倾向于站在纯粹主义的立场上，他们认为是不可能从初始状态和最终状态之间差值中，计算得出初始状态和最终状态两个端点的绝对值。如果我们要保持我们的观点清晰，我们就必须非常谨慎地判断什么能够从定义中推导出来，或哪些不能。在这方面，纯粹主义者的标准是必不可少的。我们必须郑重地告诉他们，他们是科学方法中秩序和纯洁的守护者。在科学研究中，没有什么比把不相干的类比引入有争议的问题中更危险的了。这是一个警告，今天比以往任何时候都需要更加坚决地强调这个警告。但与此同时，我们必须记住，物理学不是演绎科学，它的基本原理并不是固定不可改变的。如果有人向我们介绍一个新提出的公理假设，与其立即盲目地否定它、拒绝它，不如像人们所说的那样，中立地看待它并严格审查它的合理性，以及是否形成了关于这个新公理的最终结论。如果形成了公认该假设成立的最终结论，那么认为这个公理与其他已知公理定律同等有效，在应用它作为基础理论时，完全不因为是否是刚刚被确认为的公理地位而产生偏见影响。判定为公理的最终依据应该是，必须以该科学假说在其归属的科学领域里，是否填补了现有公理不能科学合理解释的空白。一旦新公理证明它可以解决迄今为止无法解决的问题，或者至少为这些问题的解释提供一个可行的假设，那么它就完全有理由被接受。

在指出能够找到我前面所提问题的答案的明确路线之前，我必须提请注意可逆过程和不可逆过程之间的区别，因为从这一点我们要理解给出答案的玻尔兹曼假设。假设我们把一块铁加热到非常高的温度，然后把它浸入冷水中。铁块的热量将传递给水，直到铁块和水的温度相等，这就是所谓的热平衡。如果没有任何东西阻止热的传导，那么在所有这些扰动之后就会产生热平衡。

现在让我们取两根垂直的玻璃管，它们的上端开口，下端用一根橡胶管相连接。如果把一些如水银等比重大的液体，倒入其中一个玻璃管中，液体将通过橡胶流入第二个玻璃管，液面将不断上升，直到两个玻璃管中的液面高度相同。现在假设提起其中一根玻璃管，两个管子中的液面也会随之变化。但是，当把它还原到初始状态时，液体会立即流回，并且两个管子的液面高度会再次相同。在这个例子，与置于冷水的热铁块之间有某些相似之处。在每种情况下，一定的差异都会带来变化。对于提高管子的瞬间，液面就会发生变化，而对于热铁块和冷水之间，在浸入的瞬间，温度也会有变化。如果保持这种状态静止的时间足够长，那么差异将消失并产生新的平衡。

事实上，这两个案例之间的类比是显而易见的。所有已经做过的实验都证明我们的判断，管中液体运动遵循了动力学定律，而温度能量变化遵循统计定律。

要理解下面这一明显的悖论，我们必须记住，液体的下沉是能量守恒原理的必然结果。因为，在没有任何外部因素的影响下，如果液位较高的试管内液体上升得更高，而液位较低的液体下降到更低，那就相当于无中生有地产生了“能量”。也就是说，产生了新能量，因此完全违背了能量守恒原则。水和铁块的温度完全相反时，即水的温度比铁块高，热量可以从水传导到铁块，能量守恒定律仍然适用；因为热本身是能量的一种形式，依据这个定律，则是水释放出的热量应该与铁块吸收的热量相等。

现在这两个操作显示出了以下不同的特征。液体回落的速度会越来越快。在另一管子的液面达到两个液面等高时并不会停止，而是因为惯性超过应有的平衡点。所以在某一瞬间会存在这样的情况，原来液面较高的试管中的瞬时液位会低于另一个试管中上升的液位。例如，在 1 号管中，液体回落的速度将逐渐下降最终到零，然后，进入相反的过程，即 2 号管中的液位下降。如果假设液面与空气接触面的动能损失以及管壁摩擦造成的动能损失为零，液体将在其平衡位置左右无限地上下振荡。这种过程称为可逆过程。

热传导的情况则完全不同。热铁块和水之间的温差越小，热从一个物体传导到另一物体的速度就会越慢。计算表明，几乎需要无限长的时间，两个物体才能达到相同温度。这意味着，无论经过多少时间，总会有一些温差。因此，两个物体之间没有热传导的“振荡过程”。热总是向一个方向传导，因此代表的一个不可逆过程。

可逆过程和不可逆过程之间的区别是物理科学中最根本性的认知。可逆过程包括引力、机械和电振荡、声波和电磁波。不可逆过程存在于速度是确定的热、电、辐射和所有化学反应中传导。克劳修斯提出了他的热力学第二定律，就是为了解释这种情况。这条定律的意义在于它为每个不可逆的过程指明了方向。然而，正是由于波尔兹曼在这里引入了原子理论，从而解释了第二定律的含义，同时也解释了所有迄今为止在经典动力学中难以解释的不可逆过程。

根据原子理论，物体的热能是其分子微小、快速和无规律运动的总和。温度对应于分子的平均动能，而热量从温度较高的物体向较低的传导是这样一个事实，即分子是经常相互碰撞，它们的动能是平均的。但是，我们不能做这样的假设：当两个单独的分子撞击在一起时，一个动能较大的分子会减速，另一个则会加速。举个例子，一个快速运动的分子被一个缓慢运动的分子侧向碰撞，快速运动的分子速度会增加，而缓慢运动的分子的速度则进一步减小。但总的来说，除非特殊情况，否则动能必须混合到一定的量，这种混合表现为两个物体温度的均衡。

然而，玻尔兹曼在科学家们注意到之前并没有非常强烈地推广他的假设，并且对于它是否正确还抱有很大的犹豫，但是现在它已经被完全认可了。现在人们普遍认为，分子的热运动和热传导，像所有其他不可逆现象一样，不服从动力学定律，而是服从统计定律。后者是概率定律。

在我们思考的这个例子中，很容易就能看出，熵绝对值假设背后的思想是什么。如果一个新的公理能够支持这个观点，我们就应该承认它。关于熵绝对值的概念，如果我们按照玻尔兹曼的理论，把熵看作是热力学概率的数值，那么当一个物理状态，比如一定体积的气体，具有不同的自由度和一定的能量，已经达到热力学平衡的条件时，在这种情况下的熵，是这个系统在给定条件下所有可能状态数量的总和。如果所讨论的熵具有一个绝对值，这意味着在给定条件下，所有可能状态的总数是非常确定和有限的。

在克劳修斯、亥姆霍兹和玻尔兹曼的时代，这样的断言被认为是完全不可能的。经典动力学的微分方程当时被看作是物理科学的唯一基础。因此，认为物理状态是连续的，所有变化的可能性都是无穷多的。随着量子假设的引入，情况发生了变化，我觉得我们很快就可以用一种完全不同的方式给出可能状态的总数以及相对应的熵的绝对值，而不会因此与当时公认的物理概念发生太激烈的冲突。事实上，新的量子论已经产生了可以与过去最富有成果的理论相媲美的成果。在辐射热领域，推导出了能够完美解释正常光谱的能量分布定律。在热力学定律中，能斯特基于它建立了新理论，这一个理论已经得到了多方面的验证证实；到目前为止，量子假说的应用范围已经得到了充分的扩展，我们不仅可以由此推断出所谓的化学常数的存在，而且还可以计算它们的数值。在原子构成领域，尼尔斯·玻尔的思想一直是建立在所谓的“静止电子轨道”之上，因此为解决光谱现象之谜奠定了基础。事实上，除非所有的迹象都具有偶然性，否则一个过程似乎正在发展，这个过程可以被称为“将所有物理理论简化为数学术语”。因为一直被视为连续的宏观物理尺寸，经过更精细的显微镜分析，显示为不连续和可计算的。这方面，荷兰乌得勒支物理研究所所长伦纳德·奥恩斯坦教授的测量结果具有指标性意义。这些测量表明，可以用简单的整数表示光谱多组元的强度比。马克斯·伯恩有趣的尝试，是在同一方向的有限差分方程取代物理力学的微分学。

我在这里所选择的杰出案例，指向了清晰而巨大的革新，这似乎是物理科学进步的特征。这些情况，无疑都是从相对到绝对的变化。现在问题来了：我们能说这一进步在多大程度上能够作为整个物理科学进步的明确特征？如果我给出的回答是绝对肯定的，也许就说得太夸大了。的确，我可以很容易想象到，一些读者可能持完全相反的观点，他们可能已经在自己的脑海构思，这一章可以按相反的观点来写，叫作“从绝对到相对”。他们肯定能发现一些佐证材料，至少能在表面上提供相应的证明。例如，可以将原子量的概念，定义为与我所建议的方向完全相反。我想象中的对手可能会说，我所指的原子绝对重量的数值也绝不是绝对的。因为，一种元素通常具有几种不同原子量的同位素，测得的原子量或多或少呈现出一种偶然加成，这是一种平均值，很大程度上取决于所分析化合物中各种同位素的比率。即使我们只考虑一种单一的同位素，从我们现有知识的观点来看，把它看作绝对的也是相当不科学的。在得到了卢瑟福原子核轰击实验的支持，似乎证实了一百多年前的普劳特假说——所有化学元素都是由不同数量的氢原子组成的。因此，原子量概念基本上是一个相对的数值。在下面的例子中，我的对手为了至少获得一次明确的胜利，他可能会打出他的王牌，把爱因斯坦广义相对论扔到桌子上，他也许会极力主张，认为“空间和时间是绝对的”这一观念是陈旧落后的，这意味着是倒退，而不是进步。换句话说，现代物理学最显著的进步之一，就是打上了相对论而非绝对论的烙印。

对这种批评的第一个也是最明显的回答是，提醒人们注意将科学术语应用于超出其应用范围的事实和意义的危险，而这些事实和意义从来就不是它们的本意。我已经介绍了相对论是如何推导出静止物体能量的绝对值，通过这个方法，可以用公式计算表达静止物体的能量。因此，相对论[①]很明显并不是指整个物理学，也不能脱离其特定的科学场景。把时间和空间的相对性，仅限定于名词概念本身的范围内，而不问它将把我们引向何方，这是很肤浅的。事实上，相对论的概念是基于一个更基本的绝对，而不是它所取代的那个错误认知的绝对。在科学史上，发生过很多类似于“时空概念”的事情，曾一度被认为是绝对的概念，后来又一再被证明只具有相对意义。但是，当一个旧有绝对概念被相对化时，这并不意味着科学进步对绝对的追求就就此停止了。相反，它意味着一个更基本的概念取代了旧有的认知，从而实现了一个更具基础性的进步。如果我们承认相对的概念，我们就必须承认绝对，因为相对的概念就是从绝对的概念中产生的。例如，假设一位科学研究人员多年来一直

① 译者注：原文，斜体字。

致力于发现自然界中某些特殊事件的原因，但他却发现自己的所有努力都付诸东流，那么他是否有理由宣布该事件根本没有原因？事实是，正如我们不能定义和解释一切事物一样，我们不能将一切事物都相对化。有些基本原理无法定义或解释，因为它们构成了我们所有知识的基础——每个定义都必须建立在一些根本不需要定义或解释的概念之上。任何形式的证明都是一样的：我们只能用已知或已被接受的术语来定义一个事物，只能用已被承认的事物来证明一个事物。如果我们想用归纳法来确定真理，那么它必须以公认事实为基础。如果我们希望通过演绎推理法来建立真理，那么推理演绎的原理必须被认为是绝对的。因此，相对概念必须以绝对概念为基础。如果我们一旦移除了绝对，那么整个相对概念就会无所凭借，就像无源之水、无本之木一样。我认为，这些推理论证，足以答复反驳那些我想象中争论者的论点。

如果最终能够将所有元素的原子量与氢的原子量联系起来，那么我们就取得了物理科学研究史上最基本的成果之一。它的意义在于，根据这种解释，可以证明物质有一个简单的起源。那么氢原子的两个要素，即带正电荷的氢原子核（所谓的质子）和带负电荷的电子，再加上基本的量子作用，就构成了物理世界结构的基石。现在，这些数值只要它们不相互依赖或依赖于它们之外的东西，就应该被认为是绝对的。这里，我们应该再一次拥有绝对，只是它层次更高，形式更为简单。如果我们想进一步展开这个思想的脉络，我们可能会问，这个伟大的相对论是建立在什么基础上的？爱因斯坦解释说，空间和时间概念，曾被牛顿和康德认为是所有知识的绝对形式，实际上只有相对的意义，因为它们依赖于对参考系和测量方法的选择。这是一个众所周知的事实，我们无法在没有参照物的情况下，观察任何物体的运动。正是为了解决这个困难，牛顿采用了绝对空间假设。“固定”恒星被用来定义绝对空间。然而，恒星之间相对而言也不是绝对固定不变的。因此，绝对空间的概念及其“固定”的参考系是相当随意的。这种解释也许可以追溯到我们科学思想的最深层根源。如果我们不认为空间和时间是绝对的，这并不意味着绝对因此就被排除了，而是说绝对是一种更基本的存在。事实上，这个更基本的东西是四维流形，它是由时间和空间镶嵌在一起，形成一个单一的连续统一体。这里的参考系和测量方法不是随意选择的，而是绝对的。

只要稍加思索，就会认识到这样一个事实：那就是被误解为“摆脱了绝对”的相对论并没有真正摆脱绝对，正相反，它为绝对给出了一个更清晰的定义，因为它指出了物理科学是如何以及在多大程度上建立在“外部世界存在绝对”的基础上。如果我们像一些认识论者那样说，绝对只存在于个体感知的感官数据中，那么物理科学的种类应该和物理学家一样多，我们完全无法解释为什么到目前为止，每个物理科学的发现者都是站在前人的肩膀上，并将他们的发现作为自己研究工作的基础。事实上，我们今天所拥有的物理科学的结构，完全是建立在相互合作以及能够承认不同研究人员的发现的基础上。在追求科学的过程中，我们并不是为了达到我们自己的目的而构建外部世界，而是恰恰相反的，外部世界以其自身的基本力量迫使我们认知它，这一点是在实证主义时代中需要一再明确指出的一点。我们在研究自然现象时，总是力求排除偶然性和意外，最终得出本质和必要规律，由此可见，我们总是在通过表面现象寻找背后的基本事实，在相对性事物背后寻找绝对性，为了在表象背后寻找真实，在短暂事物背后发现永恒。在我看来，这不仅是物理科学的特点，也是所有自然科学的特点。此外，它不仅是人类为获得科学知识而作出的各种努力的特征，也是人类在阐明善与美观念时所做出的各种努力的特征。此外，它不仅是人类努力获得所有类型科学知识的特征，也是人类努力形成善与美的特征。

在这里，我要超过我原定的目标。因为我在本书开始时的计划不是提出断言，然后加以证明，而是提请人们注意在科学发展过程中发生的某些实际变化，并让客观陈述的事实在读者头脑中留下自己的印象。

在最后结束之前，我想提出一个最困难的问题。这就是：我们现在认为具有绝对意义的科学概念，是否会在将来的某一天只具有某种相对意义，并将指向更进一步的绝对性呢？对于这个问题，只能给出一个答案。毕竟我已经说过了，并且考虑到科学进步所经历的经验，我们必须承认，在任何情况下，我们都不能保证今天科学中绝对的概念永远是绝对的。不仅如此，我们还必须承认一个事实，即研究者永远无法真正掌握绝对。绝对代表着一个理想的目标，它永远在我们面前，我们却又永远无法完全实现。这可能是一个令人沮丧的提法，但我们必须接受它。我们所处的位置类似于一个登山者，在未知的领域，永远不知道在他眼前看到的、他正在攀登的山峰后面，是不是存在另一座更高的山峰。然而，我们和他一样，旅程的价值不在于旅程的终点，而在于旅程本身。也就是说，在为实现我们孜孜以求的目标的努力追寻过程中，从我们不断逼近目标的事实中汲取勇气。使研究方法越来越接近真理，是所有科学的目标和努力。

在这里，我们套用哥特霍尔德·埃夫拉伊姆·莱辛[①]的一句名言："对真理的追求，比对真理的占有更为可贵。"我们不能坐下休息或稍作停顿，以免生锈或腐烂。只有通过工作才能保持健康。所有生命都是如此，所有的科学也是如此。我们总是在从相对到绝对的途中，我们百折不挠，我们不断奋进。

---

① 译者注：哥特霍尔德·埃夫拉伊姆·莱辛（Gotthold Ephraim Lessing，1729—1781 年）是德国启蒙运动文学的杰出代表，德国民族文学的奠基人，著名的批评家、剧作家、美学家。

后　记

苏格拉底式的对话

对话者：普朗克-爱因斯坦-墨菲

原注：以下是助理秘书在各种对话中所作速记报告的摘要

墨菲：我一直在与我们的朋友普朗克合作写一本书，主要是论述因果关系和人类意志自由的问题。

爱因斯坦：老实说，当人们谈论意志自由时，我无法理解他们的意思。例如我有一种感觉，我会做些什么或者其他什么事，但我完全不明白这与意志自由有什么关系。我觉得我会点燃我的烟斗，我会这样做，但是我怎么才能把它和自由联系起来呢？愿意点燃烟斗的行为背后是什么？另一种自愿的行为？叔本华曾经说过：**“人可以做他想做的事，但不能随心所欲。”**[①]

墨菲：但现在物理科学的流行趋势是，将自由意志甚至解释为无机自然中的一种常规过程。

爱因斯坦：谬论，这绝对是谬论。这是令人反感的信口开河。

墨菲：当然，有些科学家还美其名曰“意志自由论[②]”。

爱因斯坦：你看看。不确定性是一个不合逻辑的概念。他们所说的不确定性是什么意思？现在如果我说“放射性原子的平均寿命是多少”，这是一个**事实陈述**[③]，它只表达事情的时间顺序。但是这

① 译者注：原文德语，Der Mensch kann was er will；er kann aber nicht wollen was er will。

② 译者注：原文 indeterminism，不可预测；不可预言；非决定论；意志自由论。

③ 译者注：原文德语，Gesetzlichkeit. 法定性。

个概念本身并没有因果关系。我们称之为“平均法则”，但并非所有类似的规则都需要具有因果意义。同时，如果我说这样一个原子的平均寿命在“无因”的意义上是不确定的，那我绝对是在胡说八道。我可以说我会在明天某个不确定的时间和你见面。但这并不意味着时间是不确定的，不管我来不来，这个时间点总会到来的。这里有一个混淆主观世界和客观世界的问题。量子物理学中的不确定性是一种主观的不确定性。它一定与某些东西有关，否则不确定性就没有意义，这里它与我们自身无法跟踪单个原子的运动并预测它们的活动有关。说“火车到达柏林是不确定的”，这纯粹是一派胡言，除非你说究竟什么是不确定的。如果这列火车最终到达目的地，那是由某种原因所决定的。原子的过程也是如此。

墨菲：那么，你是在什么意义上将决定论应用在自然领域的？是在“自然界中的每一个事件都源于另一个我们称之为原因的事件”这个意义上吗？

爱因斯坦：我不应该这么说。首先，我认为在所有这些因果关系问题中所遇到的许多误解都是由于因果关系原则的相当粗浅狭义的表述，而这种表述直到现在还很流行。当亚里士多德和其他经院哲学家定义他们所说的“原因”时，真正科学意义上的客观实验的概念还没有出现。因此，他们满足于形而上学的定义“原因”概念。康德也是如此。牛顿本人似乎已经意识到，这种前科学时期[①]对因果原理的表述，对于现代物理学来说是不够的。牛顿满足于描述自然界中事件发生的顺序、规律，并以数学的方式进行综合、归纳或表达。我相信，当我们今天说“一件事是另一件事的原因[②]”时，我们深层次所考虑的是，自然界的所有事件是由一种远比我们今天所能想象的要更为严格、更有约束力的规则所控制的。我们在这里讨论的概念，是仅仅局限于某个时间段内发生的事件。它是整个完整过程中的某一个部分或片段。我们目前应用因果原理的方法还比较粗略、肤浅。我们就像一个韵律模式一无所知的孩子，但却要求我们评判一首诗音律的优劣。或者，我们就像一个少年钢琴学习者，只是把一个音符又一个音符简单拼接起来。在某种程度上，这可能只能用于弹奏，非常简单、平缓的曲目。但是，不能诠释出巴赫赋格曲[③]的韵味。量子物理学向我们展示了非常复杂的过程，为了满足这些过程，我们必须进一步扩大和细化因果关系的概念。

---

① 译者注：原文 pre-scientific，前科学，是指科学出现以前的知识。

② 译者注：原文 cause，斜体字。

③ 译者注：约翰·塞巴斯蒂安·巴赫（Johann Sebastian Bach，1685 年 3 月 21 日［15］—1750 年 7 月 28 日），出生于德国图林根州的埃森纳赫，巴洛克时期德国作曲家、键盘演奏家。

赋格曲，是复调乐曲的一种形式。“赋格”为拉丁文“fuga”的译音。赋格曲作为一种独立的曲式，直到 18 世纪在 J. S. 巴赫的音乐创作中才得到了充分的发展。巴赫丰富了赋格曲的内容，力求加强主题的个性，扩大了和声手法的应用，并创造了展开部与再现部的调性布局，使赋格曲达到相当完美的境地。

墨菲：你的工作将会很艰难，因为你将会过时的。如果您允许我想说几句话，我就说几句，倒不是因为我喜欢听我自己的讲话，虽然我真的喜欢听——有哪个爱尔兰人会不喜欢呢？——而是因为我想听听你对这件事的反应。

爱因斯坦：**当然**[①]。

墨菲：古希腊人把命运或命运的运作方式，作为他们戏剧的基础，那个时候的戏剧是一种深刻的非理性感知意识的表达，具有一定的祷告礼拜性。这不仅仅是一场讨论，就像萧伯纳的戏剧。你们还记得《阿特柔斯的悲剧》吧，命运或者不可避免的因果关系，是这出戏唯一的主线。

爱因斯坦：命中定数或命运与因果律不是一回事。

墨菲：我知道。但是科学家和其他人一样生活在这个世界上。我所知道的他们中的大部分人会出席政治会议或走进剧院，至少在德国，这些都是当代文学的读者。他们无法摆脱生活环境的影响。而目前这种环境的主要特点是，努力摆脱世界自身纠缠在一起的因果链。

爱因斯坦：但是人类不是一直希望努力摆脱因果链吗？

墨菲：是的，但目前还没有说到重点。无论如何，我怀疑这位

---

① 译者注：原文德语，Gewiss，当然。

政治家是否曾考虑过他的愚蠢所引发的因果关系的后果。他太灵活了，灵活到他认为可以跳过链条中某些环节直达终点。苏格兰的麦克白①，等他意识到弑君篡位又不能限制其后果时，已经为时已晚。但他没有想到如何摆脱这深重的罪孽给他带来日夜不宁的痛苦，直到最后追悔莫及。这就是他失败的地方，这都是因为他不是政治家。我在这里的观点是，在这个必然趋势里有一个普遍的认识。人们正在意识到萧伯纳很久以前告诉他们的事情，当然是在他写《恺撒和克利奥帕特拉》的时候，人们已经在无数场合讲过了。你还记得恺撒在埃及女王下令处死普罗提诺后对她的讲话吗，尽管恺撒曾经承诺保证他的生命安全。

"你听到了吗?"恺撒说，"那些敲门的人也相信复仇和刺杀。你杀了他们的首脑领袖，他们因此杀了你是合理的。如果你对此有疑问，请问一下这里的四位议员。为了维护正义，我难道不该因为他们谋杀了自己的女王而处死他们，然而反过来，我是否也会因为被认为是他们祖国的侵略者，又被他们的同胞杀死吗?难道罗马就只有杀掉这些侵略者，才能向世人展示她是如何保护自己的子民和如何捍卫她的荣誉?因此，在人类历史的长河中，永远以正义、荣

---

① 译者注：麦克白，是指苏格兰英雄，原本善良，但在其阴险狡诈的妻子的怂恿和女巫的蛊惑下，犯下了弑君篡位的罪行，可是深重的罪孽又搅得他日夜不得安宁，恐惧和忧患，使得他不由自主地从血腥走向血腥，直到在被讨伐的战争中丧生。

誉或者和平的名义，交替上演着以血还血、以杀戮滋生新的杀戮，直到诸神厌倦了血腥，创造了一个懂得理解的种族。”

如今，人们意识到这个可怕的事实，并不是因为他们明白血债血偿，而是因为他们明白了抢劫邻居就是抢劫他自己；他们明白了抢夺必遭报复，正如血债血偿一样。世界大战的所谓战胜国掠夺了战败国的财物，他们现在知道，这样做就是掠夺了他们自己。所以，大多数人都看到了，现在我们处在全方位深层次的痛苦。但是他们没有勇气面对它，他们就像麦克白一样被女巫蛊惑着。不幸的是，在这种情况下，科学被一同扔进了炼狱的熔炉，用来为他们提供他们正在寻找的溶剂。每个人都想证明自己是无辜的、清白的，并试图为自己的行径寻找托词，而不是大胆地承认混乱、悲剧和罪行。看看每天那些成群结队沿街乞讨的食不果腹的人，他们都是身体健全的人，他们不过是希望维持生而为人的基本权利，那就是工作。他们胸前佩戴着各种荣誉勋章在伦敦街头游行，高喊着要面包。在纽约、在芝加哥、在罗马和都灵也是同样的情况。而那些舒适地坐在安乐椅上的人对自己说：“这与我无关。”他之所以这么说，是因为他已经拥有了。然后，当他被告知自然界不知道什么是因果法则时，他拿出了他广受欢迎的物理学著作，并心满意足叹了口气。你们还想要什么？这是科学？科学是现代的信仰。是你们的资产阶级资助了这些科学机构和实验室。不管你们怎么说，如果科学家们没有或者至少是在无意识地秉持同样的精神，他们就不配生而为人。

爱因斯坦：**哦！你不能这么说**[①]。

墨菲：是的。那人说得很好。你还记得，在你想象中的科学殿堂里的那些寻求自我实现的人，你承认他们甚至建造了这座建筑的绝大一部分，但你也坚信只有极少数才会得到上帝天使的青睐。我倾向于认为，目前科学的斗争主要在于努力使其自身科学思想体系摆脱当代盲目思维所带来的混乱，这和以前的神学家所经历的斗争差不多。然而，文艺复兴时期，他们屈从于时代的潮流，将外部其他的思想和方法引入他们的学科，最终导致了学术上的分裂。

经院哲学的衰落可以追溯到乌合之众开始盲从哲学家和神学家的时代。还记得他们是如何慌乱地赶到巴黎听彼得·阿伯拉[②]的讲授吗，虽然他们显然不明白他的与众不同之处。他垮台的原因更多的是因为公众追捧，而不仅仅是个人的影响。如果他没有自以为凌驾于科学之上，他就不是凡人了。我不太确定今天是否还有许多科学家处在他同样的状态。他们编织着一些玄而又玄、华而不实的幻境之网，这似乎非常类似于经院学院派颓废时诡辩的特征。

---

① 译者注：原文德语：Ach das kann man nicht sagen。

② 译者注：彼得·阿伯拉（法语：Pierre Abélard，1079 年—1142 年 4 月 21 日），法国著名神学家和经院哲学家，被认为是概念论的开端。先后在巴黎近郊的默伦和科贝尔（Corbeil-Essonnes）设校自成学派，开始教学生涯。他讲授逻辑，并在讲学期间抨击过去的师长与同窗，为教会所仇视，迫使他流浪。

年长的哲学家和神学家意识到这种危险，并设法弥补和消除这种危险。他们有自己完整深奥的教义体系，这些体系只向信徒透露。今天，在其他文化分支中也存在类似的机制。天主教会以一种不是信徒的民众所不理解的语言体系和表述方式，维持其特有的仪式或教条。社会学家和金融专家都有自己的行话，这可以避免重要信息公之于众。同样，如果医生用俗语而不是专业术语开药方和描述病情，不仅医疗技术无法传承，而且医疗专业术语的法律效力也难以得到有效维护。但所有这些都无关紧要，因为所有这些科学、艺术或手工艺都不是最重要的。目前，物理科学是根本上至关重要，正因如此，它似乎受到了影响……（注：应被爱因斯坦打断，而没有说完）

爱因斯坦：但对于科学家来说，我想不出什么比科学观念更令人反感的了。它几乎和艺术对于艺术家或宗教之于牧师来说一样糟糕。你说的肯定有一定道理。我认为，目前将物理科学公理应用于人类生活的方式，是一个完全错误的做法，而且还有一些应该受谴责的地方。我发现，今天在物理学中所讨论的因果关系问题，在科学领域并不是一个新现象。量子物理学中所使用的方法已经应用到生物学中，因为自然界中的生物过程本身是无法被追踪的，同时它们之间的关联应该是清晰的，因此生物学规则总是具有统计性质的。我不明白的是，在现代物理学中，如果因果律受到这么多约束，为什么还造成如此多的混乱，因为这根本不是一种新情况。

墨菲：当然，这并没有任何新情况。但是，生物科学的重要性并不像物理科学那样重要。除了一些动物爱好者，人们不再对我们人类是否是猴子进化而来的很感兴趣，他们认为这个想法略显粗糙。公众对生物学的兴趣，也不像达尔文、赫胥黎时代那样浓厚了。公众的关注点已经转移到物理学上。这就是为什么公众对物理学中的任何新假说，都会有自己独特的看法。

爱因斯坦：我完全同意我们的朋友普朗克在这一原则上所采取的立场，但你必须记住普朗克说过和写过的话。他承认在目前的情况下，将因果律应用于原子物理学的内部过程是不可能的，但他明确地反对这样一个论点——即在这种**无法使用**[①]或不适用性中我们可以得出“因果关系的过程在外部现实中并不存在”的结论。普朗克并没有特意强调任何明确的立场。他只是反驳了一些量子理论学家的主张，而我完全同意他的观点。当你提到人们谈论自然中的自由意志时，我认为这个想法当然是荒谬的，但我又很难给出合适的回答。

墨菲：那么，我想你会同意的，物理学没有为简称为“海森堡不确定性原理”[②] 的特殊应用提供任何可靠的依据。

---

① 译者注：原文德语，Unbrauchbarkeit，无法使用。

② 译者注：海森堡不确定性原理：不确定性原理（Uncertainty principle）是由德国物理学家海森堡于 1927 年提出，是量子力学的产物。这个理论是说，不可能同时知道一个粒子的位置和它的速度。

爱因斯坦：我当然同意。

墨菲：但是你知道，某些地位很高也备受学界认可的英国物理学家，他们强调说，你和普朗克以及其他许多人所说结论是毫无根据的。

爱因斯坦：当物理学家和文学家合二为一时，你必须区分这两种职业。在英国，有着伟大的英国文学和知名的严谨行为准则。我的意思是说，英国有一些科学作家在他们的通俗读物是不特意讲求合乎逻辑的，但在他们的科学著作中，他们是敏锐而严格的逻辑推理者。

科学家的目标是确保自然的逻辑一致性。逻辑对他们而言，就像比例法则和透视法则对画家一样重要，我认同亨利·庞加莱①所说的“科学值得追求，因为它揭示了自然之美”。在这里我要说的是，科学家得到的奖励是亨利·庞加莱所说的“探索中的快乐”，而不是他的某些研究发现可能被实际应用。类似地，我认为，科学家成就感来源于在数学公式上构建出一个完美和谐的图景，通过数学公式将图景的各个部分联系起来，能给他带来更大的成就感，而

① 译者注：亨利·庞加莱（Jules Henri Poincaré，1854 年 4 月 29 日—1912 年 7 月 17 日），法国数学家、天体力学家、数学物理学家、科学哲学家。他被公认为“史上最后一位数学全才”（是指 19 世纪后四分之一和 20 世纪初），在天体力学方面的研究是牛顿之后的一座里程碑，他因为对电子理论的研究被公认为相对论的理论先驱。是“批判学派”代表人物之一。

不必再费心追问，这些是否证明了外部世界遵循因果律，以及在多大程度上证明了这一点。

墨菲：教授，我必须要提醒您注意一种现象，有时当您在湖上驾驶游艇时湖面上会发生这种现象。当然，这种情况在卡普特[①]平静的水域并不经常发生，因为那里周围开阔平坦，因此没有突然的狂风暴雨。但是，如果在我们北方的湖泊上乘风航行时，总是会冒着在意外气流的猛烈冲击下突然翻船的风险。我要说的是，我认为暗箭难防，实证主义者可能很容易在这里放冷枪，使你进退两难。如果你说“科学家满足于在他的思维结构中保证数学逻辑”，那么你的观点，很快就会被引用来支持如阿瑟·爱丁顿爵士[②]等现代科学家所倡导的主观唯心主义。

爱因斯坦：但那太荒谬了。

墨菲：当然，这是一个不合理的结论：但你的观点已经被英国媒体广泛引用，因为他们认为你赞同了“外部世界是主观意识的衍生物”这一理论。我不得不恳请我在英国的一位朋友乔德先

---

① 译者注：Caputh，地名，音译，爱因斯坦在柏林的别墅所在地，柏林以西约 24 公里。

② 译者注：亚瑟·斯坦利·爱丁顿（Arthur Stanley Eddington，1882 年 12 月 28 日—1944 年 11 月 22 日），英国天文学家、物理学家、数学家，第一位用英语宣讲相对论的科学家，自然界密实物体的发光强度极限被命名为“爱丁顿极限”。亚瑟·爱丁顿爵士的实验证明了爱因斯坦的《广义相对论》，并逐渐成为全人类最伟大的理论之一。

生注意这一点，他写了一本名为《科学的哲学方面》[1] 的著作。这本书的观点与阿瑟·埃丁顿爵士和詹姆斯·金斯[2]爵士所持的观点相矛盾的，而你的观点被认为是这两位理论的佐证。

爱因斯坦：你所提到的物理学家都包括在内，没有一位物理学家会相信这一点，否则他就不是真正的物理学家。你必须区分什么是文学时尚，什么是科学宣言。这些人是真正的科学家，他们的文学作品不应被看作是他们的科学宣言。如果有人不相信星星真的在那里，为什么还要不厌其烦地凝视星空呢？在这个方面，我与普朗克完全一致。虽然，我们不能从逻辑上证明外部世界的存在，正如你们不能从逻辑上证明我现在正在和你们谈话，或者证明我在这里一样。但是，你就是知道我在这里，没有任何主观唯心主义者能够反驳你。

---

① 原文：*Philosophical Aspects of Science*——找到一段 1982 年关于此书的书评："这本书是对 19 世纪末和 20 世纪初法国文学有关科学与宗教之间关系的简要调查。它特别有价值，因为它在这个重要问题上提出了天主教的观点——这种观点除了对伽利略事件的敷衍处理之外，在盎格鲁 - 撒克逊的场景中几乎是完全未知的。作者从各种来源中挑选出来，并提供了大量文件，说明法国天主教徒首先评估达尔文进化论的宗教和神学含义，然后对其做出反应。毫无疑问，这本书的书名与 CC Gillispie 的《客观的边缘》对立起来。我的主题（与 Emile Boutroux 的主题相呼应）是科学不是一项客观的事业，而是对自然过程的不断变化和偶然的描述。"

② 译者注：詹姆斯·霍普伍德·金斯（James Hopwood Jeans，1877 年 9 月 11 日—1946 年 9 月 16 日），英国数学家、物理学家，曾任英国皇家天文学会会长。主要成就，詹姆斯·霍普伍德·金斯在气体动力学、辐射理论、天体演化学等领域都有重要贡献。他从理论上证明了"金斯不稳定性"。

当然，这一点很久以前就被经院哲学家充分阐明了。我不禁想到，如果在17世纪与哲学传统的决裂没有如此深刻、决绝，那么19世纪和今天的许多混乱就会得以避免。经院哲学家非常清楚地说明了现代物理学家的观点，即**存在于现实中，形式上铭记于心**①

（本段为记录者）我忘记了关于这个话题的讨论是如何中断的。在速记本中，下一段以普朗克开头。我对他说，最近新闻媒体上有很多关于所谓“科学崩溃论”的讨论。这里的普通公众是不是觉得，不管怎样，德国所有伟大的科学成就，都似乎无助于确保德国的国际声望？当然，还有一个更大的背景，那就是普遍的怀疑主义，这是当今世界的普遍特征，它打击了宗教、艺术、文学以及科学。

普朗克：教会似乎无法为大众提供他们所寻求的精神支柱，于是人们转向了其他领域。如今，宗教在吸引信徒时所遇到的困难是，它的吸引力必然基于笃信的心态或者通常所说的信仰。在质疑一切的状态下，这一呼吁不会得到任何积极的回应。因此，有许多先贤为此提供替代品。

墨菲：你认为在这方面，科学可以代替宗教吗？

普朗克：对此不要质疑，因为科学也需要坚信的心态。所有科

---

① 译者注：原文，拉丁语 existing fundam entaliter in re，formaliter in mente。

学领域中，任何一位认真从事过科学工作的人都知道，在科学殿堂的入口处铭刻着这样一句话：你们必须有信仰[①]。这是真正的科学家必备的品质。

处理实验中获得的大量数据的人，必须对他所希望发现的规律构架出一个富有想象力的图景。他必须首先在脑海中构想出来。单凭推理能力是无法帮助他向前迈进半步的，因为必须依靠富有突破创造性的思维，在排除和选择的过程中发现规律，任何规律秩序都是无法从混沌的元素中产生。一个科学家试图构建规律的设想一次又一次地失败，每次失败后都必须尝试另一个可能。这种富有想象力的愿景和对最终成功的信念是不可或缺的。仅仅抱有纯理性主义在这里将是举步维艰的。

墨菲：这一点在伟大科学家中得到了多大程度的验证？以开普勒[②]为例，我们庆祝他逝世300周年的纪念日[③]，你还记得吗，那天晚上爱因斯坦在科学院做了演讲。开普勒的某些发现，不是因他富有创造性的想象力而开始探索的，而是因为他关注酒桶的尺寸，想知道哪种形状是最经济的容器？

---

① 译者注：原文，斜体字，Ye must have faith。

② 译者注：约翰尼斯·开普勒（Johannes Kepler，1571年12月27日—1630年11月15日），德国天文学家、数学家与占星家。

③ 译者注：开普勒逝世300周年，即1930年。

普朗克：几乎所有盛名在外的知名人士都有一些在大众中广为流传的类似故事。事实上，开普勒是我所说的一个极好的例子。他总是手头拮据，而他的幻想一次又一次地破灭，甚至被迫请求雷根斯堡[①]的国会支付拖欠他的工资。他不得不为他母亲因被诬陷为女巫且施行巫术而辩护，这让他感到痛苦。但是，在研究他的一生时，人们可以感受到，使他如此精力充沛、不知疲倦和富有成效的原因，是他对其所从事的科学事业的坚定信念，而不是他确信自己最终能够将天文观测结果进行综合计算。更确切地说，他是对整个造物背后存在一个明确的规划设计的信仰。正是因为他笃信确实存在这个规划设计，他才认为自己的劳动是值得的，也正因如此，他的信念毫不动摇，他的工作使他沉闷的生活充满了生机和活力。把他和第谷·布拉赫[②]相比。布拉赫拥有与开普勒相同的条件，还有更好的机会，但他最终仍然只是一名研究员，因为他缺少开普勒那样对存在有永恒的创世法则的信念。最终，布拉赫仍然只是一名研究人员，但开普勒是新天文学的缔造者。

---

① 译者注：雷根斯堡是德国巴伐利亚州的直辖市，多瑙河边一个美丽的古都，历史悠久，自罗马时代便是沿多瑙河的重要城镇，是上普法尔茨行政区和雷根斯堡县的首府，天主教雷根斯堡教区主教的驻地。

② 译者注：第谷·布拉赫（Tycho Brahe，1546 年 12 月 14 日—1601 年 10 月 24 日），丹麦天文学家和占星学家，被誉为是近代天文学的奠基人，是最后一位也是最伟大的一位用肉眼观测天象的天文学家。是开普勒的导师。

在这方面，我想到的另一个名字，他是**尤里乌斯·迈尔**[①]。他的发现几乎没有引起人们的注意，因为在19世纪中叶，即使是受过教育的人，也对自然哲学的理论产生了极大的怀疑。迈尔的坚持不懈，不是因为他发现或证明了什么，而是因为他相信什么。直到1869年，以亥姆霍兹为首的德国物理学家和医生协会才认可了迈尔的工作。

墨菲：你经常说，科学进步体现在当前问题得到解决的那一刻又发现了一个新的谜团。量子理论揭示了因果关系这个大问题。我真的不认为这个问题可以得到非常明确的回答。当然，很容易看出，那些持明确立场说不存在因果关系的人是不合逻辑的，因为无法通过实验或诉诸意识、常识的直观感知来证明任何这种说法。但尽管如此，在我看来，决定论者至少有责任指出，为了满足现代科学的需要，原有因果关系的表述所必须修改的方向。

普朗克：第一点关于新奥秘的发现，这无疑是正确的。科学无法解决自然界的终极奥秘。这是因为，归根结底，我们自己是大自然的一部分，因此也是我们试图解决的谜团的一部分。在某种程度

---

① 译者注：全名尤利乌斯·罗伯特·冯·迈尔（德语：JuliusRobertvonMayer，1814年11月25日—1878年3月20日）是一位德国物理学家、医生，热力学与生物物理学的先驱。能量守恒定律的发现者之一（迈尔、焦耳、亥姆霍兹分别从不同研究路径独立发现了能量守恒定律）。

上，音乐和艺术也试图解决或至少是试图表达整个谜团。在我看来，我们在这两方面的进步越大，我们就越能与大自然和谐相处。这是科学对我们每个人最伟大的贡献之一。

墨菲：歌德曾经说过，人类心灵所能达到的最高成就是对自然基本现象的惊奇赞叹。

普朗克：是的，我们总是要有非理性的一面。否则我们就没有信心了。如果我们没有信仰，只能通过人类的理性来解决生活中的每一个难题，那么生活将是多么难以承受的负担啊。我们不应该有艺术，没有音乐，也没有惊奇。我们不应该有科学；不仅因为科学会因此失去对它的拥趸者的吸引力——即对未知事物的追求——也因为科学还将失去其得以存在的基石，即意识对外部现实存在的直接感知。正如爱因斯坦所说，如果你不知道现实中存在着外部世界，你就不可能成为一名科学家，但这个认知不是通过任何推理能够获得的。它是一种直接的感知，因此在本质上类似于我们所说的信仰。这是一种形而上学的信仰。这正是怀疑论者对宗教的质疑所在，科学也面临着相同的情形。尽管如此，有一点是值得肯定的，那就是理论物理学是一门非常活跃的科学，的确吸引了普通大众的想象力。这样，它就可以在某种程度上满足形而上学的渴求，这种欲望是当前宗教所不能满足的。但这都完全是激发出近似于宗教的信仰来实现的。科学本身永远不能真正取代宗教，这在本书的倒数第二章中有解释。

墨菲：现在是前面问题的第二部分，即因果关系原则的传统表述可能被修改的方向。爱因斯坦谈到随着科学的进步，我们感知能力也一同发展。

普朗克：他到底是什么意思？

墨菲：也许我最好用我自己的方式来表达。以运动速度为例。五十年前，运动的平均速度是马匹奔跑的速度。现在它甚至超过了火车的时速。如果我们在火车、汽车和飞机的速度之间计算平均速度，可能至少是每小时 60 英里，而不是像在马车时代的每小时 6 英里。你还记得自行车刚开始流行的时候吗？骑车的人们经常会在路上撞倒儿童或妇女。现在你不能骑自行车撞到你奶奶了，因为她会很快让开的。你还记得，汽车第一次疾驰在路上时，马都吓了一跳。现在，即使是马也已经拓展了适应能力，它们感知能力能够适应这种更高速度了。毫无疑问，现代人基于新的速度已经提升或者发展出了某种能力。我认为爱因斯坦的想法是，科学界与之类似，未来的科学家将比今天的科学家具有更敏锐的洞察力。当然，他们也会有更精密的仪器。但更关键的是我们需要发展的是感知能力本身。也许，在实验室里受过训练的科学家们，最终能够更深刻地感知到自然界中各种因果关系的相互作用，这就像只有伟大的音乐天才能够感知到庸人做梦也想不到的音律内在和谐一样。正如只有音乐爱好者才能敏锐地感受到贝多芬交响乐结构之美，而农民却根本无法欣赏，因为他只习惯了简单的民间乐曲。因此，发展感知能力是我们必须完成的主要任务之一。这可能就是爱因斯坦所要表达的吧。

普朗克：您表达得很清晰。毫无疑问，理论物理现在所处的阶段已经超出了普通人的能力范围，甚至超出了伟大发现者自身的能力。然而，你必须记住的是，即使全人类的感知能力发展得再快，我们也无法最终解开大自然的所有奥秘。可以发现在原子级微观运动中依然遵循因果律，就像我们以经典力学中因果关系公式为基础，可以感知到自然界中所观察到的一切事物，并把它们塑造成物质的形象。

今天出现的差异，不是客观自然与因果律之间的矛盾，而是我们对自然的认知与客观自然本身的现实之间的差异。我们推理计算得出的图形与我们的观测结果并不完全一致；而且，正如我一再指出的，科学的进步就是在这里实现更好的一致。我深信，实现这二者的一致，其原因必然不是否定因果关系，而在于对因果关系表达形式的进一步扩大和完善，以便满足现代科学探索的需要。

（全书完）

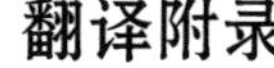

翻译附录

附录一　普朗克大事记

1874 年，普朗克进入慕尼黑大学攻读数学专业，后改读物理学专业。

1877 年转入柏林大学。1879 年获得博士学位。从博士论文开始，普朗克一直关注并研究热力学第二定律，发表诸多论文。

1885 年 4 月，基尔大学聘请普朗克担任理论物理学教授，年薪约 2000 马克，普朗克继续他对熵及其应用的研究，主要解决物理化学方面的问题，为阿累尼乌斯的电解质电离理论提供了热力学解释，但却是矛盾的。在基尔这段时间，普朗克已经开始了对原子假说的深入研究。

1897 年，哥廷根大学哲学系授奖给普朗克的专著《能量守恒原理》（Das Prinzip der Erhaltung der Energie，1897 年）。

1889 年 4 月，亥姆霍兹通知普朗克前往柏林，接手基尔霍夫的工作，1892 年接手教职，年薪约 6200 马克。

1894 年，普朗克被选为普鲁士科学院（Preuβische Akademie der Wissenschaften）的院士。大约 1894 年起，开始研究黑体辐射问题，发现普朗克辐射定律，并在论证过程中提出能量子概念和常数 h（后称为普朗克常数，也是国际单位制千克的标准定义），成为此后微观物理学中最基本的概念和极为重要的普适常量。

1900 年 12 月 14 日，普朗克在德国物理学会上报告这一结果，成为量子论诞生和新物理学革命宣告开始的伟大时刻。由于这一发现，普朗克获得了诺贝尔物理学奖。

1907 年维也纳曾邀请普朗克前去接替路德维希·玻耳兹曼的教职，但他没有接受，而是留在了柏林，受到了柏林大学学生会的火炬游行队伍的感谢。

1918 年获得了诺贝尔物理学奖。

1926 年 10 月 1 日普朗克退休，他的继任者是薛定谔。

1930 年至 1937 年及 1945 年至 1946 年任德国威廉皇家学会的会长，该学会后为纪念普朗克而改名为马克斯·普朗克学会。

附录二　普朗克主要荣誉奖励

1915 年获 Pour le Mérite 科学和艺术勋章

1918 年获诺贝尔物理学奖

1928 年获德意志帝国雄鹰勋章（Adlerschild des Deutschen Reiches）

1929 年与爱因斯坦共同获马克斯·普朗克奖章。（该奖项由德国物理学会于该年创设；获法兰克福大学、慕尼黑工业大学、罗斯托克大学、柏林工业大学、格拉茨大学、雅典大学、剑桥大学、伦敦大学和格拉斯哥大学荣誉博士学位）

1938 年，第 1069 号小行星（1927 年 1 月 28 日由德国天文学家马克斯·沃夫在海德堡发现）以普朗克的名字命名为 Planckia，时年普朗克 80 岁

1957 年至 1971 年德国官方 2 马克硬币使用普朗克的肖像

1983 年德意志民主共和国发行一枚 5 马克纪念硬币，纪念普朗克诞辰 125 周年

德国威廉皇家学会为纪念普朗克而改名为马克斯·普朗克学会，如今有很多学校和大学以普朗克的名字命名。

附录三　本书人名

（按章节分类，各章节内人名根据字母 A—Z 排序）

0.1　序——爱因斯坦

［1］第欧根尼（希腊文 Διογνη，英文 Diogenēs），约公元前 412 年—前 324 年，古希腊哲学家，犬儒学派的代表人物。

［2］普朗克，全名马克斯·卡尔·恩斯特·路德维希·普朗克（Max Karl Ernst Ludwig Planck），1858 年 4 月 23 日—1947 年 10 月 4 日，德国著名物理学家、量子力学的重要创始人之一，1918 年获诺贝尔物理学奖。

0.2　马克斯·普郎克的生平介绍

［3］阿诺德·索末菲（Arnold Sommerfeld），1868 年 12 月 5 日—1951 年 4 月 26 日，德国物理学家，量子力学与原子物理学的开山鼻祖。

［4］亚瑟·康普顿，全名亚瑟·霍利·康普顿（Arthur Holly

Compton), 1892 年 9 月 10 日—1962 年 3 月 15 日，美国著名物理学家，1927 年获诺贝尔物理学奖。

[5] 阿道夫·哈纳克，全名卡尔·古斯塔夫·阿道夫·冯·哈纳克（Carl Gustav Adolf von Harnack)，1851 年 5 月 7 日—1930 年 6 月 10 日，德国历史学家。

[6] 查尔斯·威尔逊，全名查尔斯·汤姆逊里斯·威尔逊（Charles Thomson Rees Wilson)，1869 年 2 月 14 日—1959 年 11 月 15 日，英国实验物理学家，1927 年获诺贝尔物理学奖。

[7] 欧内斯特·卢瑟福（Emest Rutherford)，1871 年 8 月 30 日—1937 年 10 月 19 日，英国物理学家、原子核物理学之父，1908 年获诺贝尔化学奖。

[8] 埃尔温·薛定谔（Erwin Schrödinger)，1887 年 8 月 12 日—1961 年 1 月 4 日，奥地利物理学家，量子力学的奠基人之一，1933 年和保罗·狄拉克共同获得诺贝尔物理学奖，1937 年获马克斯·普朗克奖章。

[9] 古斯塔夫·罗伯特·基尔霍夫（Gustav Robert Kirchhoff)，1824 年 3 月 12 日—1887 年 10 月 17 日，德国物理学家。

[10] 洛伦兹，亨德里克·安东·洛伦兹（Hendrik Antoon Lorentz)，1853 年 7 月 18 日—1928 年 2 月 4 日，近代卓越的理论物理学家、数学家，经典电子论的创立者。

［11］赫尔曼·冯·亥姆霍兹（Hermann von Helmholtz），又译为赫尔姆霍兹，1821 年 8 月 31 日—1894 年 9 月 8 日，德国物理学家。

［12］赫尔曼·韦尔（Herman Weyl），1885 年 11 月 9 日—1955 年 12 月 8 日，德国著名数学家、物理学家。

［13］詹姆斯·弗兰克（James Frank），德国著名实验物理学家（后加入美国国籍），1925 年获诺贝尔物理学奖。

［14］约翰·洛克（John Locke），1632 年 8 月 29 日—1704 年 10 月 28 日，英国哲学家、经验主义之父，是启蒙时代最具影响力的思想家和自由主义者。

［15］马克斯·伯恩（Max Born），1882 年 12 月 11 日—1970 年 1 月 5 日，德国犹太裔物理学家、量子力学奠基者之一，1954 年获诺贝尔物理学奖。

［16］尼尔斯·玻尔（丹麦文 Niels Henrik David Bohr），1885 年 10 月 7 日—1962 年 11 月 18 日，丹麦物理学家、丹麦皇家科学院院士，哥本哈根学派的创始人，1922 年获诺贝尔物理学奖。

［17］保罗·狄拉克（Paul Adrien Maurice Dirac），1902 年 8 月 8 日—1984 年 10 月 20 日，英国理论物理学家，量子力学的奠基者之一，1923 年和艾尔温·薛定谔共同获得诺贝尔物理学奖。

［18］弗朗茨·冯·巴本（Franz von Papen），1879 年 10 月 29 日—1969 年 5 月 2 日，美国韦尔人，军校学生。

［19］罗伯特·密立根，全名罗伯特·安德鲁·密立根（Robert Andrews Millikan），1868 年 3 月 22 日—1953 年 12 月 19 日，美国实验物理学奖，1923 年获诺贝尔物理学奖。

［20］詹姆斯·金斯爵士（Sir James Hopwood Jeans），1877 年 9 月 11 日—1946 年 9 月 16 日，英国物理学家、天文学家、数学家。

［21］威廉·赫歇尔爵士（Sir William Hersche），1738—1822，在 1800 年首次提出了红外线的概念。

［22］魏尔斯特拉斯（Weierstrass），1815 年 10 月 31 日—1897 年 2 月 19 日，德国数学家，提出了魏尔斯特拉斯函数（Weierstrass function）。

［23］沃纳·海森堡，全名沃纳·卡尔·海森堡（Werner Karl Heisenberg），1901 年 12 月 5 日—1976 年 2 月 1 日，德国著名物理学家，量子力学的重要创始人之一，哥本哈根学派的代表人物之一，1932 年获诺贝尔物理学奖。

第一章——科学五十年

［24］亨利·贝克勒尔，全名安东尼·亨利·贝克勒尔（Antoine Henri Becquerel），1852 年 12 月 15 日—1908 年 8 月 25 日，法国著名物理学家，1903 年获诺贝尔物理学奖。

［25］爱德华·里克（Eduard Riecke），当时哥廷根大学（University of Göttingen）的实验物理学家，爱因斯坦曾向其递交过求职申请。

［26］埃米尔·威舍特（Emil Wiechert），1861 年 12 月 26 日—1928 年 3 月 19 日，德国物理学家和地球物理学家。

［27］普林斯海姆，全名恩斯特·普林斯海姆（Ernst Pringsheim），1859 年—1917 年，德国物理学家，他与冯·卢默等人为黑体辐射强度的测量提供了重要手段。

［28］索迪，全名弗雷德里克·索迪（Frederick Soddy），1877 年 9 月 2 日—1956 年 9 月 22 日，英国物理学家、化学家，1921 年获诺贝尔化学奖。

［29］库尔鲍姆，全名斐迪南德·库尔鲍姆（Ferdinand Kurlbaum），1857 年—1927 年，德国物理学家，他和鲁本斯一同对热辐射光谱作出新的准确测量。

［30］鲁本斯，全名海因里希·鲁本斯（Heinrich Rubens），1865 年—1922 年，德国物理学家，1900 年他和库尔鲍姆一同对热辐射光谱作出新的准确测量。

［31］海因里希·鲁道夫·赫兹（Heinrich Rudolf Hertz），1857 年 2 月 22 日—1894 年 1 月 1 日，德国物理学家，于 1888 年首先证实了电磁波的存在，频率的国际单位制单位“赫兹”（Hz）以其名

字命名。

[32] 闵可夫斯基，全名赫尔曼·闵科夫斯基（Hermann Minkowski），德国数学家，四维空间理论的创立者，该理论被称为“闵可夫斯基时空”，为广义相对论奠定了理论基础。

[33] 特鲁德（Hugo Tetrode），又译为泰特洛得，荷兰理论物理学家，1911 年 9 月和萨克尔共同发表论文，提出“萨克尔－泰特洛得方程式”。

[34] 麦克斯韦，全名詹姆斯·克拉克·麦克斯韦（James Clerk Maxwell），1831 你 6 月 13 日—1879 年 11 月 5 日，英国物理学家、数学家，是经典电动力学的创始人、统计物理学的奠基人之一。

[35] L. 德布罗意，全名路易·维克多·德布罗意（Louis Victor · Duc de Broglie），1892 年 8 月 15 日—1987 年 3 月 19 日，法国理论物理学家、物质波理论的创立者、量子力学的奠基人之一，1929 年获诺贝尔物理学奖。

[36] 路德维希·玻尔兹曼（Ludwig Edward Boltzmann），1844 年 2 月 20 日—1906 年 9 月 5 日，奥地利物理学家、哲学家，热力学和统计物理学的奠基人之一。

[37] 冯·劳厄，全名马克斯·冯·劳厄（Max von Laue），1879 年 10 月 9 日—1960 年 4 月 24 日，德国著名物理学家，1912 年发现了晶体的 X 射线衍射现象，1914 年获得诺贝尔物理学奖。

[38] 冯·卢默（Otto Richard Lummer），又译为奥托·卢默尔，1860—1925 年，德国物理学家，他与普林斯海姆等人一同进行空腔实验，测定出黑体辐射能量分布曲线。

[39] 萨克尔，全名奥托·萨克尔（Otto Sackur），德国物理化学家，1911 年 9 月和特鲁德共同发表论文，提出“萨克尔－泰特洛得方程式”。

[40] 保罗·德鲁德，全名保罗·卡尔·路德维希·德鲁德（Paul Karl Ludwig Drude），1863 年 7 月 12 日—1906 年 7 月 5 日，德国物理学家。

[41] 德拜，全名彼·德拜（Peter Debye），1884 年 3 月 24 日—1966 年 11 月 22 日，荷兰物理学家、物理化学家，1936 年获诺贝尔化学奖。

[42] 菲利普·勒纳德（Philipp Lenard），1862 年 6 月 7 日—1947 年 5 月 20 日，德国物理学家，1905 年获诺贝尔物理学奖。

[43] 基平（P. Knipping），又译为尼平，1883 年—1935 年，他与弗里德里希共同实验，证实了 X 射线的波动性。

[44] 鲁道夫·克劳修斯，全名鲁道夫·尤利乌斯·埃马努埃尔·克劳修斯（Rudolf Julius Emanuel Clausius），1822 年 1 月 2 日—1888 年 8 月 24 日，德国物理学家和数学家，热力学的主要奠基人之一，也把他和麦克斯韦、玻耳兹曼一起称为分子运动论的奠基人，1867

年其在发表的论文中首次提出了“熵”的概念。

［45］冯·卡门（Theodore von Kármán），1881 年 5 月 11 日—1963 年 5 月 6 日，匈牙利裔美国物理学家，开创了数学和基础科学在航空航天和其他技术领域的应用，被誉为“航空航天时代的科学奇才”

［46］冯·普吕克尔（Von Pleucker），又译为普里克，1801 年—1868 年，德国物理学家，1858 年发现阴极射线。

［47］能斯特，全名瓦尔特·赫尔曼·能斯特（Walther Hermann Nernst），1864 年 6 月 25 日—1941 年 11 月 18 日，德国卓越的物理学家、物理化学家和化学史家，热力学第三定律的创始人，1920 年获诺贝尔化学奖。

［48］弗里德里希（W. Friedrich），与基平共同实验，证实了 X 射线的波动性。

［49］威廉·维恩（Wilhelm Carl Werner Otto Fritz Franz Wien），1864 年 1 月 13 日—1928 年 8 月 30 日，德国物理学家，1911 年获诺贝尔物理学奖。

［50］伦琴，全名威廉·康拉德·伦琴（德文 Wilhelm Conrad Röntgen），1845 年 3 月 27 日—1923 年 2 月 10 日，德国著名物理学家，1901 年获得诺贝尔物理学奖。

［51］威廉·韦伯，全名威廉·爱德华·韦伯（Wilhelm Eduardd

Weber)，1804 年 10 月 24 日—1891 年 6 月 23 日，德国物理学家，国际单位制中磁通量的单位“韦伯”（Wb）以其名字命名。

[52] 汉密尔顿，全名威廉·罗恩·汉密尔顿（William Rowan Hamilton)，又译为哈密尔顿，1805 年 8 月 3 日—1859 年 9 月 2 日，爱尔兰数学家、物理学家。

[53] 泡利，全名沃尔夫冈·泡利（Wolfgang Pauli)，1900 年 4 月 25 日—1958 年 12 月 15 日，奥地利理论物理学家，量子力学的先驱之一。

第二章——外部世界是真实的吗?

[54] 托勒密，全名克罗狄斯·托勒密（古希腊语 Κλαύδιος Πτολεμαῖος，拉丁语 Claudius Ptolemaeus)，约 90 年—168 年，是希腊数学家，天文学家，地理学家和占星家，是地心说的集大成者。

[55] 戈特霍尔德·埃夫莱姆·莱辛（Gotthold Ephraim Lessing)，1729 年 1 月 22 日—1781 年 2 月 15 日，德国文学家、美学家，被誉为德国新文学之父，是 18 世纪德国启蒙运动的领袖和启蒙主义文学的代表作家、德国民族戏剧的奠基人。

[56] 奥斯特，全名汉斯·克海斯提安·奥斯特（丹麦语 Hans Christian Ørsted)，1777 年 8 月 14 日—1851 年 3 月 9 日，丹麦物理学

家、化学家和文学家，其创建了“思想实验”这一名词，也是第一位明确地描述思想实验的现代思想家。

[57] 奥古斯特·孔德（Isidore Marie Auguste François Xavier Comte），1798 年 1 月 19 日—1857 年 9 月 5 日，法国著名的哲学家、社会学和实证主义的创始人。

[58] 布隆德洛（Rene Blondlot），1849—1930，法国南锡（Nancy）大学的物理学教授。1903 年，布隆德洛发文宣称自己发现了一种新型的射线“N 射线”——后经过科学界的“双盲实验”，无法证明其真实存在，逐渐被主流科学界完全抛弃。

第三章——科学家对物质宇宙的描绘

无

第四章——因果关系与自由意志问题说明

[59] 巴鲁赫·德·斯宾诺莎（Baruch de Spinoza），1632 年 11 月 24 日—1677 年 2 月 21 日，犹太人，近代西方哲学的三大理性主义者之一，与笛卡尔和莱布尼茨齐名。其主要著作有《笛卡尔哲学原理》《神学政治论》《伦理学》《知性改进论》等。

[60] 弗里茨·罗伊特（Fritz Reuter），德国小说家，19 世纪现实主义作家，他的作品富于幽默的特色，现保留有弗里茨·罗伊特故居、文学博物馆。

[61] 乔治·伯克利（George Berkeley），1685 年 3 月 12 日—1753 年 1 月 14 日，出生于爱尔兰，18 世纪最著名的哲学家、近代经验主义的重要代表之一，开创了主观唯心主义。其代表作有《视觉新论》《人类知识原理》以及《海拉斯和斐洛诺斯的对话三篇》。贝可莱又译为伯克利，为纪念他加州大学的创始校区定名为加州大学伯克利分校（University of California，Berkeley）。

[62] 戈特弗里德·威廉·莱布尼茨（Gottfried Wilhelm Leibniz），1646 年 7 月 1 日—1716 年 11 月 14 日，德国哲学家、数学家，被誉为“17 世纪的亚里士多德”。他和笛卡尔、巴鲁赫·斯宾诺莎被认为是 17 世纪三位最伟大的理性主义哲学家。

[63] 伽利尔摩·马可尼（Guglielmo Marconi），1874 年 4 月 25 日—1937 年 7 月 20 日，意大利无线电工程师、企业家、实用无线电报通信的创始人。1909 年他与布劳恩共同得诺贝尔物理学奖，被称作“无线电之父”。

[64] 伊曼努尔·康德（德文 Immanuel Kant），1724 年 4 月 22 日—1804 年 2 月 12 日，德国哲学家、作家，德国古典哲学创始人，其学说深深影响近代西方哲学，并开启了德国古典哲学和康德主义

等诸多流派。

[65] 普罗泰戈拉（Protagoras），约公元前490或480年—前420或410年，是希腊智者派的代表人物，其主张“人是万物的尺度”。

[66] 勒内·笛卡尔（René Descartes），1596年3月31日—1650年2月11日，法国哲学家，数学家和物理学家，是西方现代哲学思想的奠基人之一。

[67] 卢克莱修，全名提图斯·卢克莱修·卡鲁斯（Titus Lucretius Carus），公元前99年—公元前55年，罗马共和国末期的诗人和哲学家，以哲理长诗《物性论》（De Rerum Natura）著称于世。

第五章——因果关系与自由意志科学的答案

[68] 本杰明·富兰克林（Benjamin Franklin），1706年1月17日—1790年4月17日，美国政治家、物理学家、印刷商和出版商、作家、发明家和科学家，以及外交官，美国开国元勋之一。

[69] 恩斯特·海因里希·菲利普·奥古斯特·海格尔（Ernst Heinrich Philipp August Haeckel），1834年2月16日—1919年8月9日，德国生物学家、博物学家、哲学家、艺术家，同时也是医生、教授。

[70] 拉普拉斯（Pierre-Simon Laplace），1749—1827年，法国

分析学家、概率论学家和物理学家，法国科学院院士。

［71］赫尔曼·洛采，全名鲁道夫·赫尔曼·洛采（Rudolf Hermann Lotze），又译为赫尔曼·陆宰，1817 年 5 月 21 日—1881 年 7 月 1 日，德国心理学家、哲学家，价值哲学创始人。

第六章——从相对到绝对

［72］阿道夫·威廉·赫尔曼·科尔柏（德语 Adolph Wilhelm Hermann Kolbe），又译为柯尔伯、柯尔贝、科尔被，1818 年 9 月 27 日—1884 年 11 月 25 日，德国化学家。

［73］阿莫迪欧·阿伏伽德罗（Amedeo Avogadro），1776 年 8 月 9 日—1856 年 7 月 9 日，意大利物理学家、化学家，1811 年提出了一种分子假说，即阿伏伽德罗定律。

［74］恩斯特·马赫（Ernst Mach），1838—1916 年，奥地利 - 捷克物理学家、心理学家和哲学家，马赫数和马赫带效应因其得名，其直接地影响了维也纳学派的逻辑实证主义，爱因斯坦誉其为相对论的先驱。

［75］阿道夫·冯·拜尔，全名约翰·弗雷德里克·威廉·阿道夫·冯·拜尔（Johann Friedrich Wilhelm Adolf von Baeyer），又译为阿道夫·冯·贝耶尔，1835 年 10 月 31 日—1917 年 8 月 20 日，德国

化学家，1905 年诺贝尔化学奖。

[76] 约瑟夫 · 路易 · 盖 - 吕萨克（Joseph Louis Gay-Lussac），1778 年 12 月 6 日—1850 年 5 月 9 日，法国化学家、法国科学院院士，其发现了一个重要的基本化学定律——气体化合体积定律。

[77] 伦纳德 · 奥恩斯坦（Leonard Ornstein），荷兰物理学家。

[78] 留基伯（希腊文 Λεύκιππος，英文 Leucippus 或 Leukippos），约公元前 500 年—约公元前 440 年，古希腊唯物主义哲学家、爱奥尼亚学派中的著名学者，是原子论的奠基人之一。

后记——苏格拉底式的对话

[79] 亚瑟 · 斯坦利 · 爱丁顿（Arthur Stanley Eddington），1882 年 12 月 28 日—1944 年 11 月 22 日，英国天文学家、物理学家、数学家，是第一位用英语宣讲相对论的科学家，自然界密实物体的发光强度极限被命名为“爱丁顿极限”。

[80] 墨菲，全名爱德华 · 墨菲（Edward A. Murphy），美国工程师，1949 年提出著名的心理学效应——墨菲定律。

[81] 詹姆斯 · 霍普伍德 · 金斯（James Hopwood Jeans），1877 年 9 月 11 日—1946 年 9 月 16 日，英国数学家、物理学家，曾任英国皇家天文学会会长。

［82］约翰·塞巴斯蒂安·巴赫（Johann Sebastian Bach）1685 年3月21日—1750年7月28日，巴洛克时期德国作曲家、键盘演奏家。

［83］约翰尼斯·开普勒（Johannes Kepler），1571年12月27日—1630年11月15日，德国天文学家、数学家与占星家。

［84］亨利·庞加莱（Jules Henri Poincaré），1854年4月29日—1912年7月17日，法国数学家、天体力学家、数学物理学家、科学哲学家，被公认为“史上最后一位数学全才”（是指19世纪后四分之一和20世纪初），是相对论的理论先驱、“批判学派”代表人物之一。

［85］尤利乌斯·罗伯特·冯·迈尔（德语 Julius Robert von Mayer），1814年11月25日—1878年3月20日，德国物理学家、医生，热力学与生物物理学的先驱。能量守恒定律的发现者之一。

［86］麦克白（Macbeth），是指苏格兰英雄，原本善良，但在其阴险狡诈的妻子的怂恿和女巫的蛊惑下，犯下了弑君篡位的罪行，可是深重的罪孽又搅得他日夜不得安宁，恐惧和忧患，使得他不由自主地从血腥走向血腥，直到在被讨伐的战争中丧生。

［87］彼得·阿伯拉（法语 Pierre Abélard），1079年—1142年4月21日，法国著名神学家和经院哲学家，被认为是概念论的开端。

［88］第谷·布拉赫（Tycho Brahe），1546 年 12 月 14 日—1601 年 10 月 24 日，丹麦天文学家、占星学家，开普勒的导师，被誉为近代天文学的奠基人，是最后一位也是最伟大的一位用肉眼观测天象的天文学家。

翻译后记

我们总是在从相对到绝对的途中，我们百折不挠，我们不断奋进。

尊敬的读者，很感谢您能够读到这里。在这里我想向您介绍本书的作者以及我对本书的理解，以便能够引发您的思考。

首先需要说明的是，这本著作是普朗克作为一名改变了物理学底层方法论进而影响了世界科学发展进程的物理科学家的哲学思考。本书是普朗克在走到经典物理极限时发现了全新的方法论之后，对人类与宇宙的关系、对人类命运以及科学发展进程、对人类意志是否绝对自由的终极关怀和哲学思考。

本书的重要观点及启发

人类意志自由与宇宙、因果律的关系，与“物质第一性”的关系。这是普朗克在本书最为核心的思考，是普朗克的世界观，普朗克对科学进步的过程思考起源于对这个终极问题的问题思考——在本书第四章《因果关系与自由意志：问题说明》中指出，在整个宇宙都严格地遵守因果律的前提下，人类作为宇宙的组成之一，生命体的全部元素都来自于宇宙的基础上，人类的意志自由是如何实现的，抑或，人类是否存在绝对的意志自由，只是因我们不能完全了解人的某个具体行为的全部因果关系以及各原因之间的影响比重，认为具有一定自由性，而其本质依然是遵循了因果律。

关于科学进步与否定之否定。这个是关于科学进步的本质以及应该如何看待科学进步的过程。本书第六章《从相对到绝对》中“近百年来物理学发展的显著特点：进步的路线都是从相对到绝对”，这是科学进步，是工作生活，是认识世界的一个必然过程。从对物质、事情认识的相对到绝对，也是一个否定之否定的过程。换而言之，只有否定了前者，才证明了科学的进步，才代表了事业的发展，才完成了从局部到整体、从片面到完整的认知的进步，这也打破了类似于“盲人摸象”的认知局限性。

普朗克的乐观精神。普朗克在本书中讲“我们总是在从相对到绝对的途中，我们百折不挠，我们不断奋进”。这种乐观不是盲目乐观，而是经过长期深入的思考，不断否定自己的认知甚至自己成果成绩，不断地逼近客观事实、不断地认识客观规律之后，能够正视客观现实的挑战、失败与成就，做到信心充盈而坚定，敢于坚持自己的同时又敢于否定自己。任何取得一定成就的人，都具备这样百折不挠的乐观精神。

普朗克的科学贡献及意义

本书作者普朗克的科学贡献和历史意义很难用一句话来概括，他是一位不广为人知的具有历史转折点意义的科学家、哲学家，他发现并提出量子化理论已经影响了并将持续影响着科技进步和全人类发展进程。

普朗克，因发现能量量子化（量子论）而推动了物理学里程碑式的质的飞跃，并因此获得了诺贝尔物理学奖。量子论相对于经典宏观物理学体系，是全新的物理学方法论，是现代物理学的基础，是当今社会科技进步的基石，全人类发展因量子论的提出和众多科学家的不断深入研究，而突破了传统经典物理学，也翻开了新的历史篇章。毫不夸张地说，在正在迎来的量子计算时代，普朗克提出的量子论带来的包括量子计算在内的科技进步将在更大程度上影响着全人类的发展进程。

普朗克在科学发展中的地位。普朗克在物理科学发展中，是具有转折点意义的里程碑式的科学家。量子化是科学史上最为关键的具有分水岭意义的里程碑。普朗克带领我们进入了微观物理世界，改变认知的底层方法论，奠定了现代微观科学的基础。在历史中能够与他的贡献相提并论的有伽利略（创立了现代科学研究方法）、牛顿（开创了经典物理学、三大运动定律）、爱因斯坦（提出了相对论，开创了现代宇宙学）。

量子化及其意义的说明。量子计算是当今最重要的战略性技术，量子纠缠也是重要的科学名词之一。量子化是普朗克在研究热辐射中，最先于1900年提出的科学假设，——他假设黑体辐射中的辐射能量是不连续的，只能取能量基本单位的整数倍，从而很好地解释了黑体辐射的实验现象。后被在各个物理学常量中得到了验证，进而形成了量子论。

关于量子。量子是最小单位的意思，物理世界存在着一个不能被分割的最小单位——相当于，一次只能迈上一个台阶，任何人不可能迈上0.83或3.12个台阶。普朗克常数“h”，是一个物理常数，用以描述量子大小，被普遍应用各种物理常量，包括，“光的量子”即光子、普朗克距离等等，甚至我们日常生活中的“千克”的定义都是由普朗克常数决定的，由此可见普朗克提出量子化对生活的影响是多么普遍。

站在未来看普朗克。本书原著的《爱因斯坦的序》和《墨菲的介绍》都有精彩的比喻——全人类所有杰出物理学科学家肖像悬挂在一个“L”型走廊中，马克斯·普朗克的肖像将悬挂在第一个长廊尽头的转角处，这里也是第二道走廊的起点。普朗克提出的量子理论、普朗克常数是一把金光闪闪而又朴实无华的钥匙，这是一把可以开启自 1900 年以来直到未来数百年的一个认识世界、利用客观规律的钥匙。您在新闻上看到或未来即将到来的会进一步改变社会进程的量子计算，看到或体验到时，请您一定记起普朗克和他发现并提出的量子论。

致　谢

最后，感谢中国社会科学出版社的信任和重托，整个翻译、编审工作得到了陈肖静编辑等诸多领导和同仁的大力支持和帮助。很荣幸邀请到任大江、李娟为本书作最终校译。翻译过程中，得到很多热心的专业人士给予的无私帮助，他们不仅参与了资料考证、修订、初稿校对编辑等工作，更给予了我巨大的精神力量。

感谢所有为本书的翻译给予支持和作出贡献的人！

由于译者水平有限，翻译的错误或失误还请不吝指正。

宋　嘉

2022 年 3 月 28 日

于北京